新手父母

輕鬆玩遊戲讓專心變容易

阿鎧老師 5分鐘玩出專注力遊戲書③

兒童專注力發展專家／職能治療師
張旭鎧

推薦序

創意，讓孩子飛得更高

從「魔豆傳奇」開始，我相信「創意」是讓台灣在世界上發光發熱的最佳「武器」，而「網路」就是最好的創意測試平台。這些年中認識了許多利用創意在自己專業領域中嶄露頭角的重要人物，而張旭鎧職能治療師是我認識的醫學專業中，將創意發揮到淋漓盡致的專家之一。

阿鎧老師，是我對他的尊稱，身爲六年級生的他，彷彿永遠像個孩子一般，利用源源不絕的創意與點子，幫助父母搞定身邊不聽話、不乖乖吃飯的小寶貝。之前拜讀過他的著作《5 分鐘玩出專注力暢銷修訂版》，就對其中深入淺出的理論根據深深著迷，加上直接遊戲介紹，讓爸爸媽媽可以馬上「現學現賣」，是本實用的好書。

如今，又拿到了這本書的初稿，我眼前簡直出現了每位孩子因爲這本書而可以專心讀書的畫面。這本書中，從乍看之下簡單的遊戲，經由阿鎧老師的詳細說明，以「專注力」爲訓練重點，不僅教導父母如何觀察孩子的進步情況，還教導父母如何把同一個遊戲改變成更多的遊戲，也就是說，這 125 個遊戲，經由阿鎧老師的「加持」，變成了 250、500 或甚至更多的遊戲玩法，相信更大大地幫助了孩子的專注力。

阿鎧老師利用創意，將簡單的遊戲變成訓練專注力的教材，讓孩子在遊戲之間提升能力，增進學習所需的專注力，相信能夠提高孩子的學習成就。這本書不僅孩子受惠，對家長而言，更可以從中學習到幫助孩子提升專注力的「創意」，讓每位爸爸媽媽都成爲幫助孩子專心的「老師」。

QQzOO 兒童全能教育館董事長　**唐智超**

教幼兒 在遊戲中學習專注

很高興張旭鎧老師繼《5 分鐘玩出專注力暢銷修訂版》及《5 分鐘玩出專注力遊戲書暢銷修訂版 1》出版後，又積極完成《5 分鐘玩出專注力遊戲書暢銷修訂版 2 ～ 4》。

張老師在 30 多年的兒童職能治療領域裡不但建立了個人的專業權威；更熱心公益，屢獲醫療人員公益獎的殊榮。張老師不但能針對兒童的身心特質與個別需求設計多樣化、趣味化、活潑化的療育活動，因此在與孩子互動時往往變身成孩子的大玩偶，深獲孩子的喜愛與家長的肯定。

這本遊戲書是張老師多年臨床經驗的累積，其內容包含五個訓練領域，共 125 個學習活動，不但簡單、方便、好用，每天只要 5 分鐘；而且因應不同年齡層的需求而有難易度的考量，因此在各訓練領域或活動的安排是嚴謹的，是精心策劃的，不但有橫向的思考亦有直向的聯繫，希望透過視（專心用眼睛看）、聽（用耳朵聽懂遊戲規則或指令）、觸、動（動手執筆寫字／畫畫）等多感官的系列刺激活動培養孩子的專注力；同時也希望孩子能運用眼到、耳到、手到、心到 ── 等知覺動作的經驗練習， 提升兒童的專注力及訓練孩子的判斷力與手眼協調和小肌肉的能力。

這是一本適合 5 至 8 歲兒童訓練專注力的遊戲書，主要在落實遊戲中學習，提供孩子一個既可以遊戲又可以練習的最佳遊戲本。值得推薦給家長、老師做爲親子共讀，師生共同學習及提升孩子專注力、持續力與耐性的好書。

財團法人育成社會福利基金會
城中發展中心 主任 **黃素珍**

好玩，是專心的開始

身爲一個醫療人員要教小朋友怎麼「玩」，似乎有些越俎代庖，但在醫院裡的確存在著這群人——職能治療師，包括我。職能治療師利用兒童發展學、神經生理學、小兒醫學等理論，設計出許多幫助孩子更專心的「教材」，而且這些教材看起來都一樣，但是在不同的治療師面對不同的孩子時，就存在著不同的玩法，就像是一張六角著色的遊戲，可以訓練專注力，也可以訓練精細動作，還可以訓練記憶能力，最後再把這張遊戲拿來摺成紙飛機，訓練手眼協調與手臂力量。如此神奇的教材，現在就出現在大家眼前。

我們就從「專心」爲主要目標吧！要讓兒童專心，最重要的就是要「好玩」，大家應該沒有看過小朋友乖乖坐在椅子上，跟著老師呆板地念著英文 26 個字母吧？大部分都是利用口訣和歌唱來學習，這是爲什麼呢？因爲這樣才好玩！人的一生中，不外乎三件事情，工作（work）、休閒娛樂（leisure/play）、自我照顧（self-care），爸爸媽媽要工作賺錢，爺爺奶奶要能夠把自己健康照顧好，而兒童就是要能在遊戲中成長，因此凡事能夠以「遊戲」的方式呈現給孩子，孩子才會願意配合學習，因此藉由好玩的遊戲來培養孩子的專注力，才是最有效率的做法！

什麼樣的遊戲才能幫助孩子專心？只要能吸引孩子的任何遊戲其實都可以訓練孩子專心！遊戲中，孩子即使不斷出錯，但他仍願意繼續進行遊戲，這就是專心的表現！就像是一個學生聽不懂老師的講解，但是他仍注視著老師、勤做筆記，這就叫做「專心」，這就應該得到讚賞，因此這本書的出版，只是個「藥引子」，眞正的「藥方」是在父母身上，您會陪孩子玩嗎？看得到孩子在哪個層面專心嗎？能夠有創意讓遊戲更好玩嗎？別緊張，書中的小秘訣可以幫您運用的更加順手！

不是孩子把整本書做完就會專心，也不是每個遊戲玩得很好就會專心；如果孩子急就章把每個遊戲做完，那表示孩子的專注力持續度不足，如果孩子輕易地把遊戲完成，或許他的智力很高，但醫學研究指出，智商偏高的孩子注意力不足的情況比一般孩子來得多，這是因爲他們很會「舉一反三」，但是也容易「眼高手低」，對於細節容易忽略，「聰明反被聰明誤」，因此需要爸爸媽媽的細心觀察，對於孩子在遊戲中的表現給予正面的鼓勵與檢討，孩子才能在沒有過高壓力的遊戲中，促進大腦神經的連結，幫助孩子更專心。

張旭鎧

目錄

給家長的話

怎麼陪孩子玩？

配對的圖案組合，可以訓練孩子觀察力與圖形辨別能力，對於將來學習國字的部首及文字的組成都有極大的助益。

玩出什麼能力？

☑ 細微觀察力 ☑ 視覺專注力 ☑ 探索能力 ☑ 圖形辨別能力

怎麼玩單元1

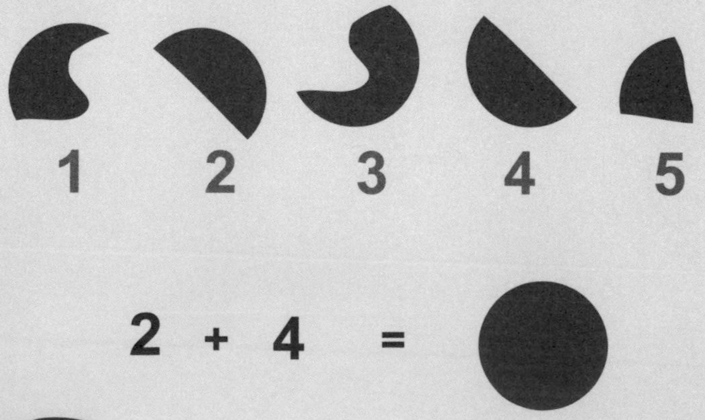

還可以這樣玩

準備相同顏色的多張色紙，以不同的摺法將每張紙摺起來，協助孩子將每張紙任意剪成兩半，攤開後就成了各種不同的形狀。試著請孩子配對看看吧！

PART 2 六角著色 ……P.037～062

給家長的話

怎麼陪孩子玩？

在形狀相同的六角形格子中，將顏色準確地塗在六角格子中，可以培養孩子各項學習時需要的技巧與能力。

玩出什麼能力？

☑ 組織與計畫能力 ☑ 視覺搜尋力 ☑ 手眼協調力 ☑ 視覺記憶力

怎麼玩單元2

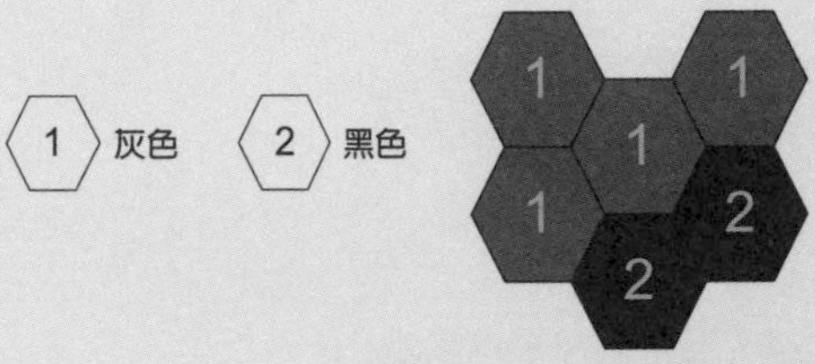

還可以這樣玩

準備色紙或有各種顏色的月曆紙，剪成1平方公分大小的不規則圖形，讓孩子在塗畫紙上自行拼貼圖案，這有助孩子組織與計畫能力的提升，更可以變成團體遊戲，訓練孩子溝通與領導能力。

PART 3 大家來找碴 ……P.063～088

給家長的話

怎麼陪孩子玩？

請幼兒找出兩幅相似圖畫中的微小不同，有助於幼兒的觀察力訓練，讓幼兒有敏銳的觀察力，在同中求異，發現生活中的不一樣。

玩出什麼能力？

☑ 觀察力 ☑ 視覺記憶力 ☑ 區辨能力 ☑ 持續專注力

怎麼玩單元3

還可以這樣玩

準備數位相機與腳架，將孩子的玩具散於桌上，拍下一張後，移動幾個地方、拿走或增加幾個玩具，接著再拍一張，這兩張照片就是自製的專屬遊戲。

PART 4 拼圖找一找 ……P.089 ~ 114

給家長的話

怎麼陪孩子玩？

孩子必須在一張大圖案中找到自己要找的圖案，並在找完答案後，自己對答，不僅可訓練記憶力，還可以培養孩子的責任心。

玩出什麼能力？

☑ 記憶能力 ☑ 視覺區辨能力 ☑ 分離性專注力 ☑ 選擇性專注力

怎麼玩單元4

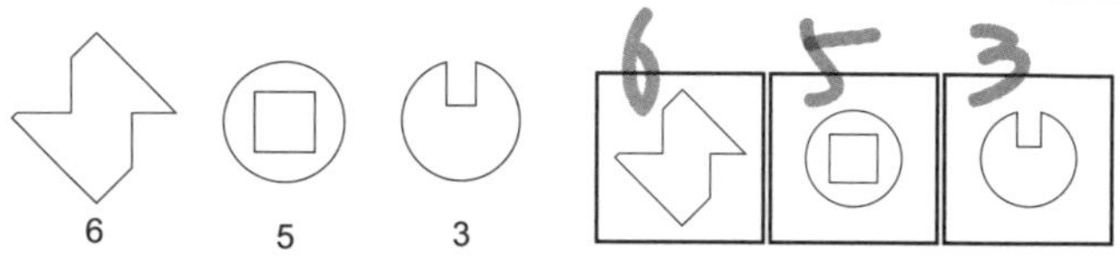

還可以這樣玩

您可以將本單元影印放大，將答案紙卡貼在厚紙版上後剪下來，讓小朋友實際拼圖看看，會更有趣喔！

PART 5 編碼遊戲 ……P.115 ~ 140

給家長的話

怎麼陪孩子玩？

利用簡單的圖案與數字，請孩子解碼找出答案，不僅訓練專注力，還能教孩子許多解題技巧，提升孩子解決問題的能力！

玩出什麼能力？

☑ 解決問題的能力 ☑ 觀察力 ☑ 反應力 ☑ 記憶力 ☑ 專注力

怎麼玩單元5

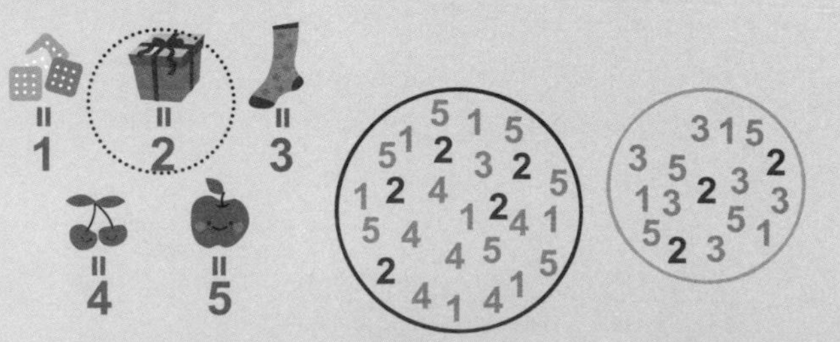

還可以這樣玩

準備不同積木數個散放於桌上，利用多條繩子任意圈起積木，並出題讓孩子找，「紅色積木是蘋果，黃色積木是香蕉，找找哪個圈裡的蘋果最多？」

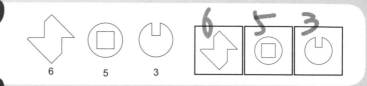

如何使用這本遊戲書

孩子的學習 父母不能缺席

家長陪同，發揮大功效

這本遊戲書的基本玩法就是依照每個題目進行遊戲，最好是由父母帶著孩子一起玩遊戲，父母的作用不是幫孩子遊戲過關，而是須先解說題目讓孩子了解玩法，並在遊戲進行中鼓勵孩子多看、多想；當孩子成功完成時給予讚賞，遇到挫折時給予安慰，如此才能建立孩子的自信心，讓孩子更願意參與遊戲，提升專注力。

此外，遊戲書中的「專注力遊戲小提示」才是遊戲設計的重點，爸媽如果可以根據秘訣來觀察與幫助孩子，將不僅有助於孩子的專注力，更可以幫助孩子學習到許多知識與能力。

可依孩子的程度，選擇遊戲難度

本書裡的遊戲依照難易程度編排，您可以依書中標示的「★」顆數作為標準，建議從簡單的遊戲開始，若孩子玩完整本書中一顆★的遊戲，再來挑戰兩顆★的遊戲，以此類推，不要勉強。此外，即使孩子對於遊戲輕易上手，但也是個培養孩子耐心的機會，讓孩子先從簡單的遊戲熟悉玩法，等到後面需要更專心的遊戲時，孩子才會有更好的表現。

不同年紀的孩子，有不同玩法

* **學齡前的幼童：**需要家長的陪同與指導，才可讓孩子了解題目的玩法，並在父母的鼓勵之下願意參與學習與練習。而當孩子尚未發展出握筆能力時，爸媽也不一定得要求他用鉛筆來作答，手指頭就是很好的工具。
* **學齡兒童：**需要家長變化題目，讓孩子提升學習動機與興趣，才能幫助孩子將這樣的能力轉化到課堂學習與家庭作業中！當孩子的認知能力開始發展時，則可以在遊戲中教導孩子認字，藉以提升他的認知能力。

每次玩多久？

請不要讓孩子短時間內進行大量的遊戲，建議剛開始時能夠以每天 5 分鐘的方式進行，而且只進行一個遊戲，等到孩子專心度提升了，就可以把時間拉長，一般而言，每個遊戲最佳的進行時間為 5 至 8 分鐘，隨著遊戲時間增加，孩子的專心持續度也跟著提升。

重複遊戲效果更佳

每個遊戲可以利用影印放大或縮小，版面放大時，孩子視覺專注的範圍必須增加，可以強化眼球控制肌肉，並且提升觀察力，而版面縮小的時候孩子就必須更集中注意力，對於那些年齡較大、智力表現比較好的孩子可以這樣使用。

每個遊戲不是玩一次就好，可以利用小秘訣中的遊戲修改方式，讓同一個遊戲有其他玩法。同一面遊戲的重複練習，可以培養孩子的耐心與穩定性，對於將來面臨靜態的學習或閱讀時，才能有良好的專注力表現。

就是「專注力」！

每種遊戲都會利用到孩子除了「專注力」以外的各種能力，例如，眼睛看時就會需要「視知覺」、拿筆畫時就會需要「精細動作」、「編碼遊戲」需要「記憶力」等，如果孩子在遊戲中表現不佳，需要爸爸媽媽仔細觀察並找出原因，其實孩子表現不好，不見得是單純因為「專注力」問題，因此需要「對症下藥」，才能讓孩子更專心。

PART 1 圖形配對

寫給家長的話

可以玩出什麼能力？

「圖形配對」是訓練孩子「見微知著」的能力，孩子對於凡事充滿好奇，但缺少了對細節仔細觀察的技巧，因此當被問到小地方的時候，就無法正確回答或反應，因此被誤認爲「不專心」！這是因爲孩子只看到了「大範圍」，忽略了「小細節」。

孩子可能平時就很喜歡拆卸玩具，但卻時常無法將玩具組裝回原貌，雖然可能是因爲能力發展還沒有到的關係，但是如果孩子的配對能力受過訓練，可能就可以很容易就找到各個零件之間的相對關係，使將來在學習上有「舉一反三」的能力。

小朋友應該怎麼玩？

「圖形配對」是將一個完整的圖案一分爲多，讓孩子試著將這些圖案找回來，與拼圖不同的是，「圖形配對」必須讓孩子仔細觀察，並在大腦內「組裝」圖形、找出答案，少了拼圖的手部操作動作，孩子反而不會因雙手的操作而轉移了注意力，更專心於視覺專注力上。

遊戲進行時，並不是找出答案就代表孩子很專心，有時只要告訴孩子，題目的圖形，可以由哪些圖案組成？有幾種組合？此時您只需仔細觀察孩子每一次在尋找答案時的表現，就可以看到孩子的進步。一開始請不要告訴孩子解題技巧，讓孩子自行觀察、探索，如此才會找出遊戲的訣竅，以獲得不同的樂趣，並提高孩子的學習動機。

遊戲難度：★

01

過新年，要放鞭炮囉！
請幫忙乖乖把可以拼成一個鞭炮的圖形配對出來。

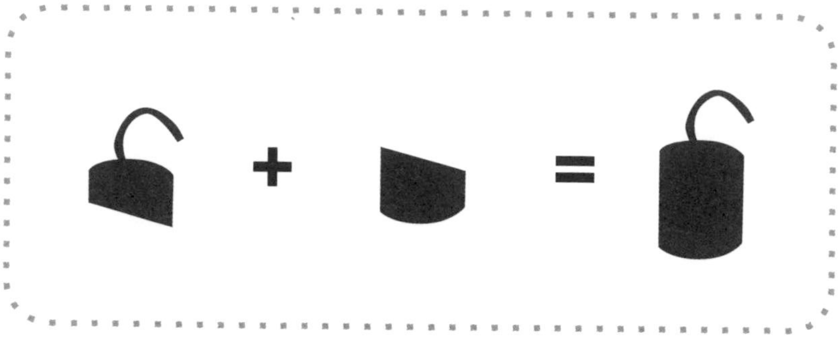

專注力小訣竅

看圖形很累嗎？告訴孩子，這一個鞭炮，被切成兩半了，你可以找出是哪兩半嗎？藉由實際物體的類化，可提高孩子參與遊戲的動機，並與日常生活做結合！

遊戲難度：★

02

跟著乖乖一起去提燈籠！

請把可以拼成燈籠的圖形配對出來。

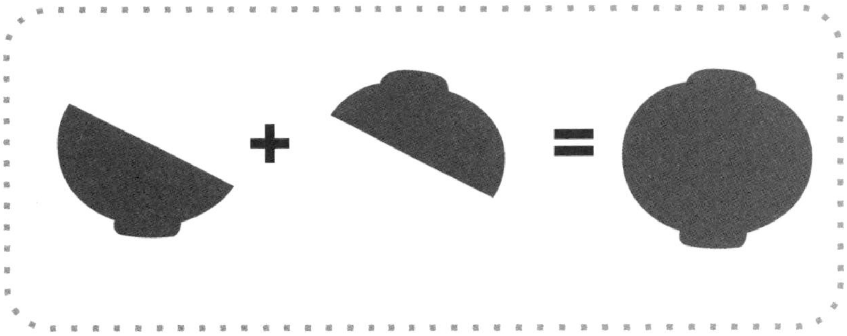

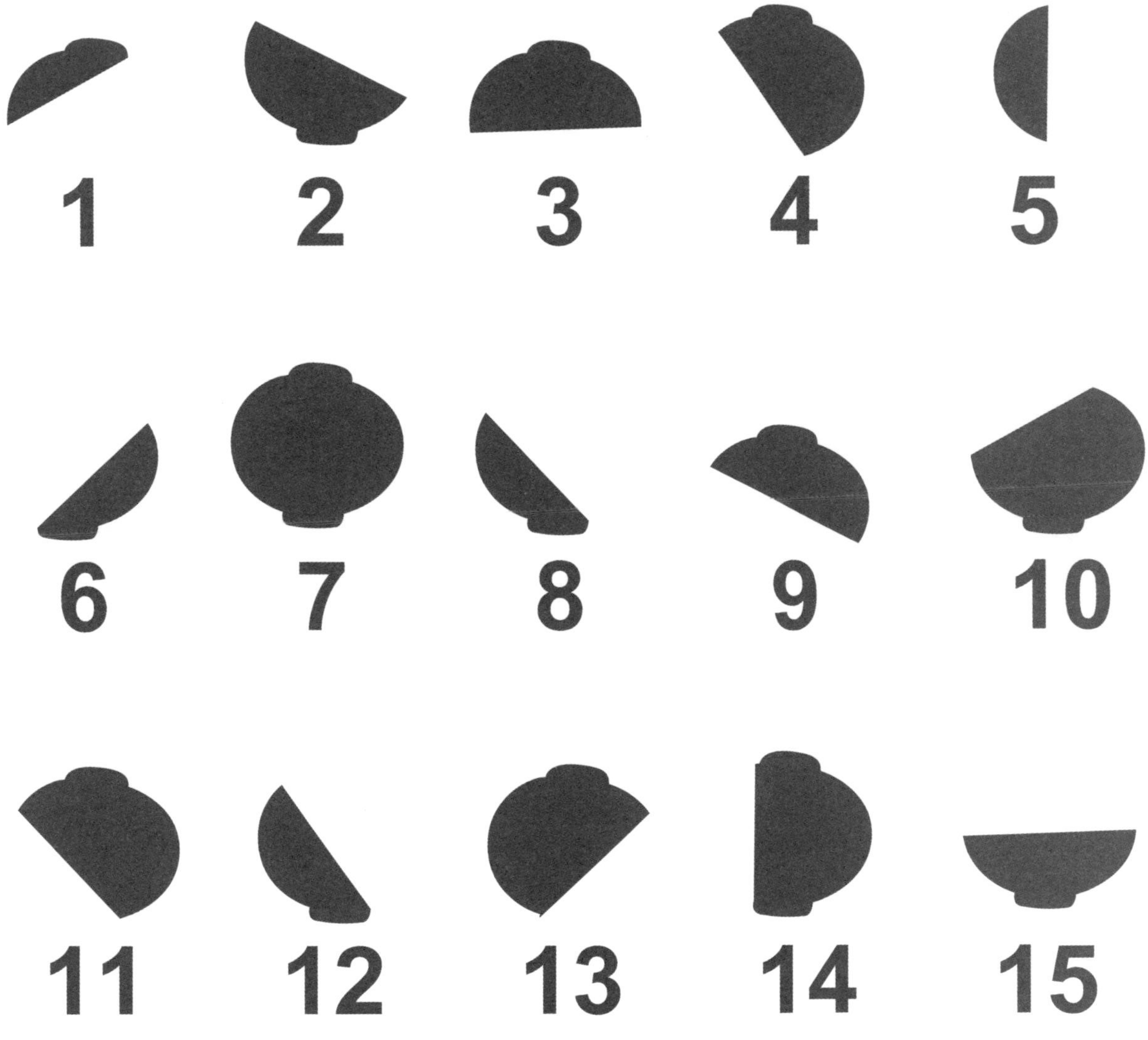

遊戲難度：★

03

小狐狸要和大家一起分享甜甜圈！
請幫忙小狐狸把可以拼成一個甜甜圈的圖形配對出來。

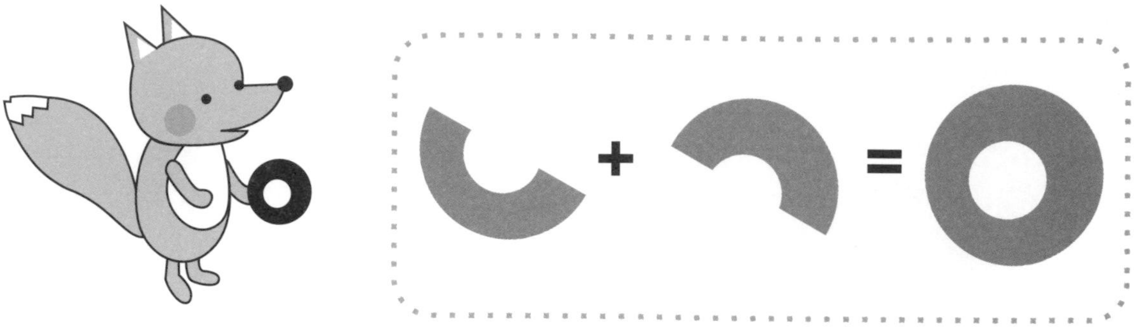

遊戲難度：★★

04

小豬在收集八瓣花！
請把可以拼成一朵八瓣花的圖形配對出來。

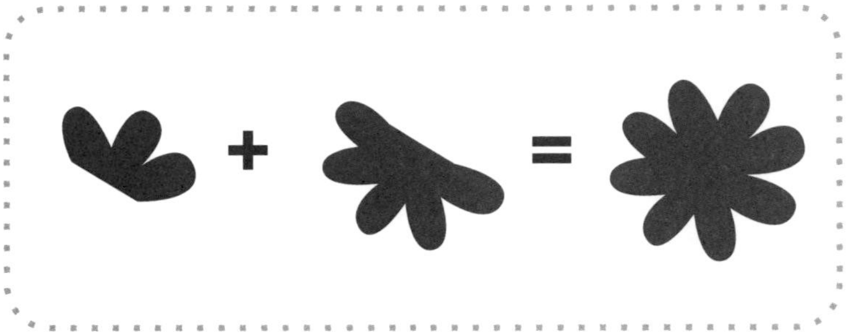

專注力小訣竅

當孩子無法體會圖案是如何組裝成時，您可以在紙上畫上出相同的圖案，並且剪下來，讓孩子實際操作，這也是帶孩子進入遊戲的方法之一喔！

圖形配對

遊戲難度：★★

05

小麋鹿想要把衣服摺好放進衣櫥裡！
請幫忙小麋鹿把可以拼成一件衣服的圖形配對出來。

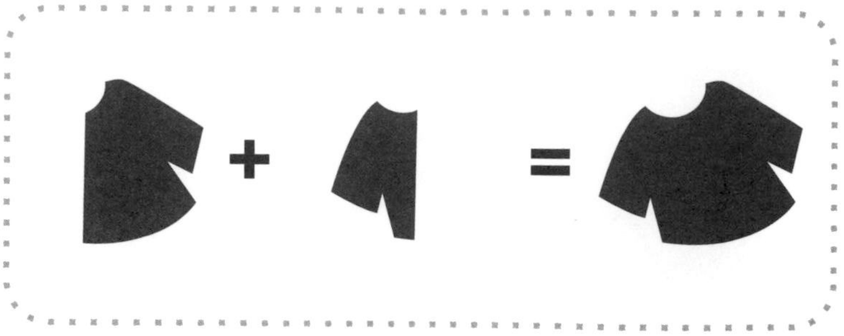

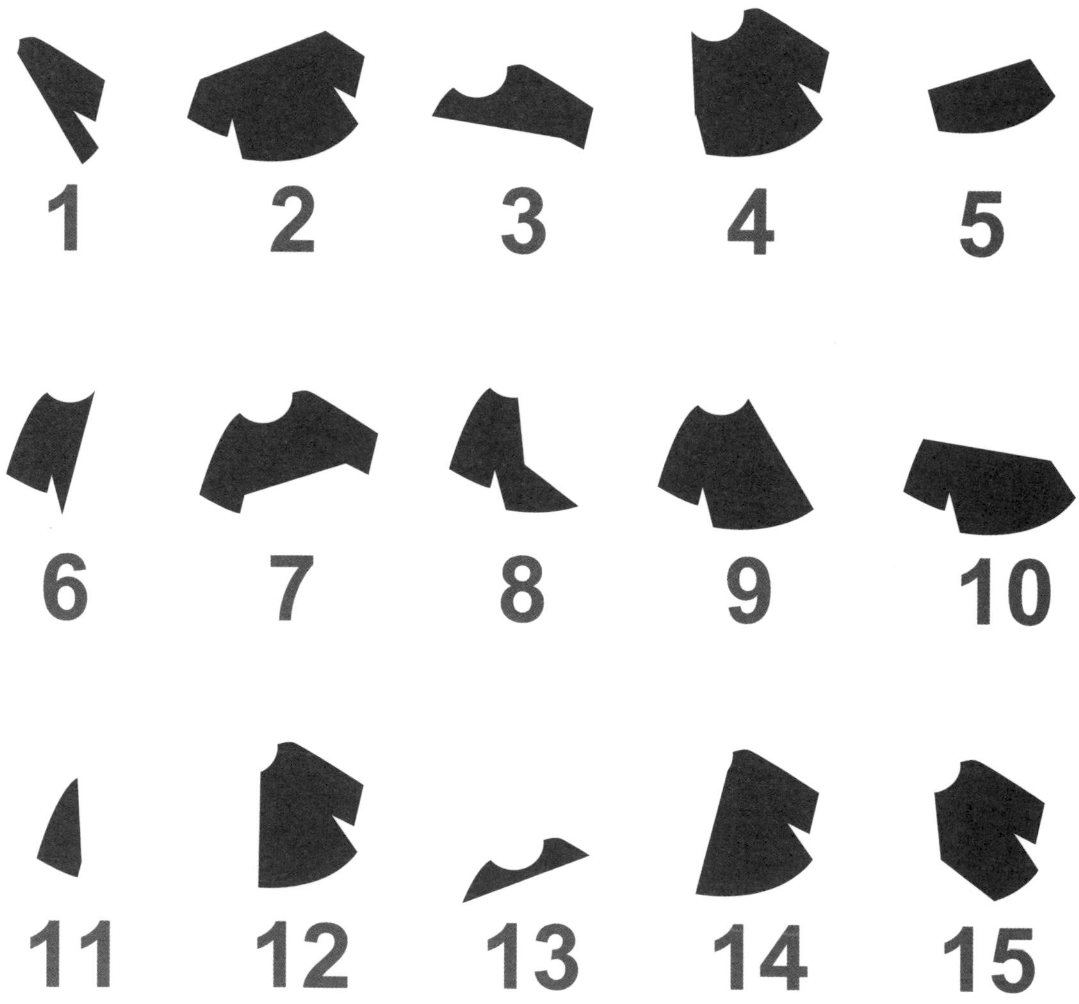

專注力小訣竅

孩子常搞不清楚衣物該怎麼摺嗎？有可能是孩子無法辨別衣服的構造。在遊戲過程中，可以讓孩子知道衣物有哪些構造，以增進孩子自己動手摺的動機！

遊戲難度：★★

06

小雞在坐旋轉咖啡杯，可是咖啡杯破掉了！請幫忙小雞把可以拼成咖啡杯的圖形配對出來。

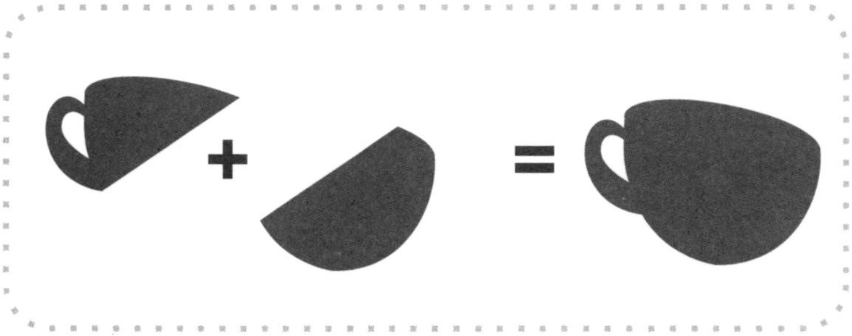

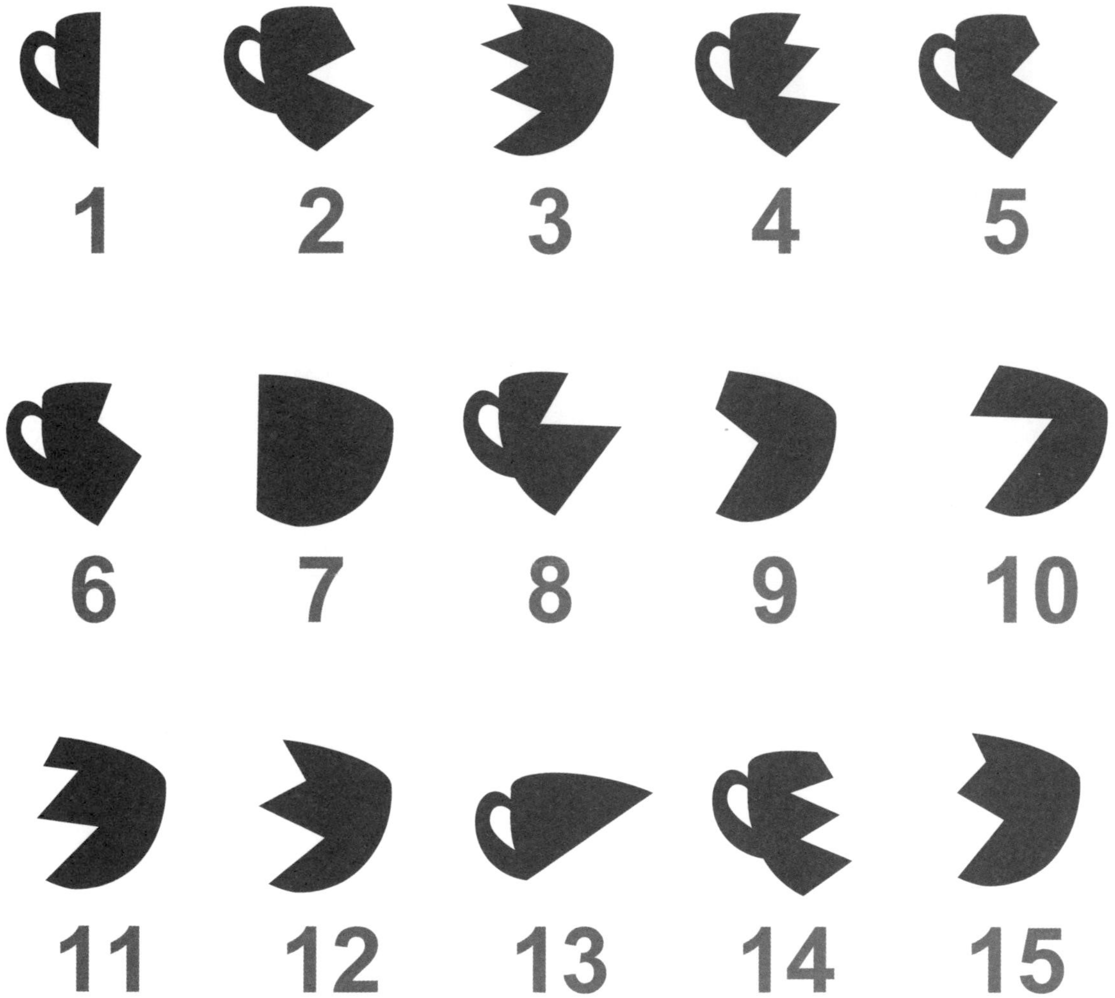

遊戲難度：★★

07

冬天到了，小狗好冷要圍圍巾！
請幫忙小狗把可以拼成一條圍巾的圖形配對出來。

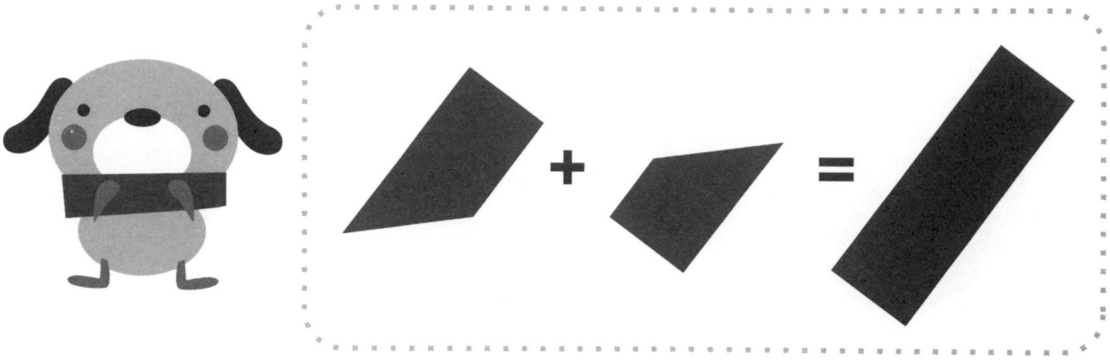

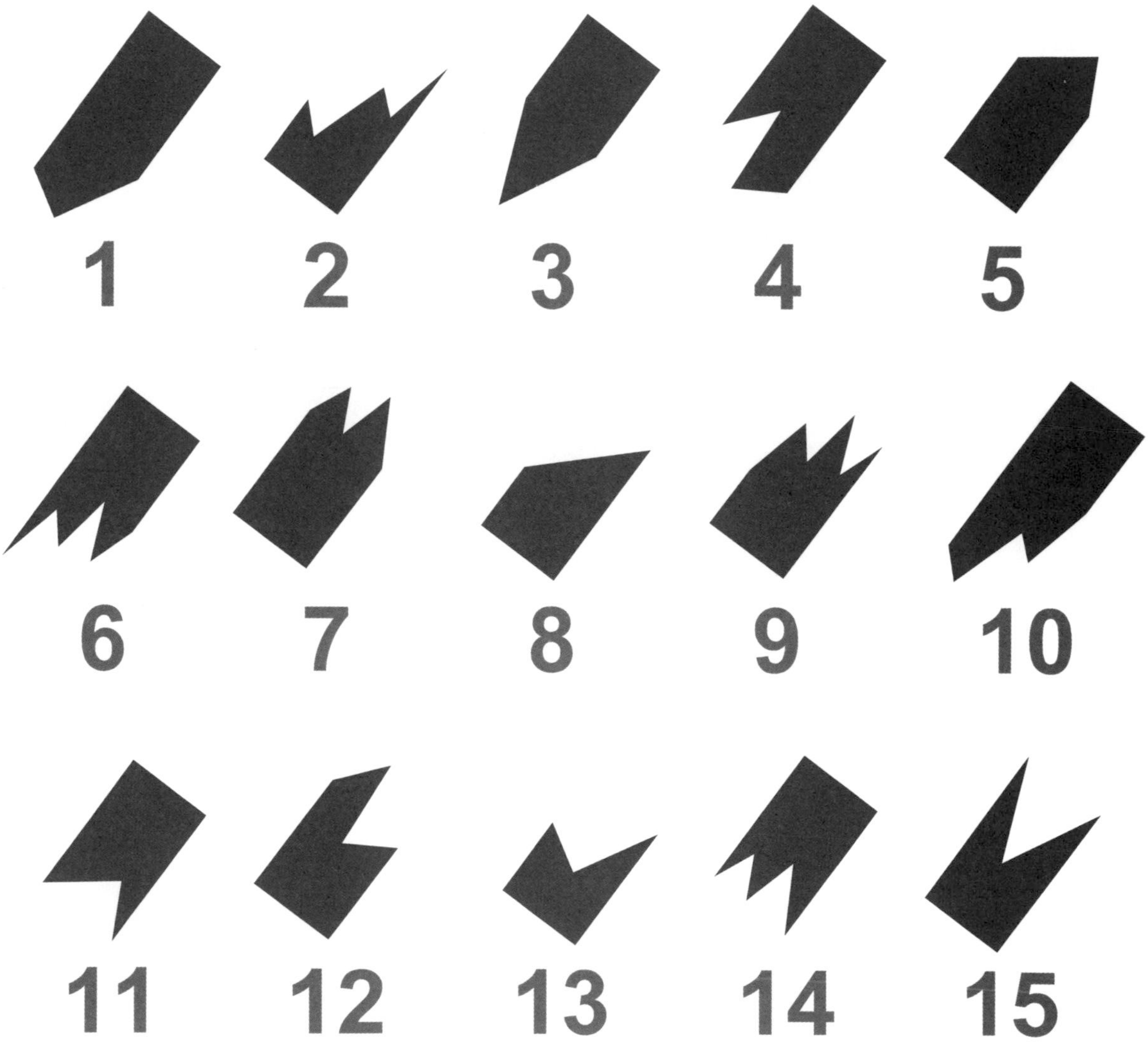

遊戲難度：★★

08

弟弟的玩具小拉車壞掉了！
請幫忙弟弟把可以拼成一台小拉車的圖形配對出來。

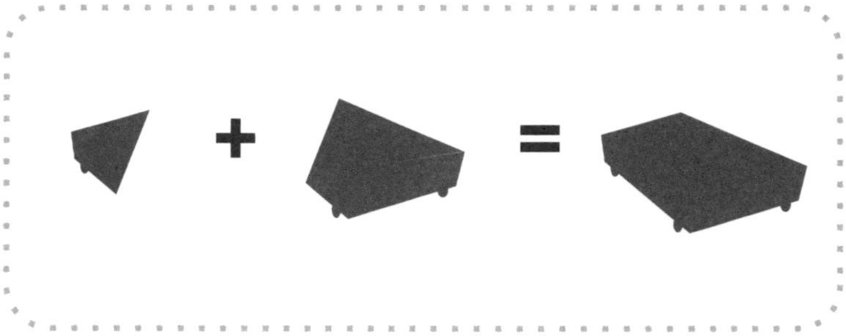

1 2 3 4 5

6 7 8 9 10

11 12 13 14 15

專注力小訣竅

遊戲中除了找出答案外，也可以讓孩子將每個圖案的代表數字做不同的排列練習，如從大到小、從小到大等。

遊戲難度：★★★

09

鴨先生的帽子破掉了！
請幫忙鴨先生把可以拼成一頂帽子的圖形配對出來。

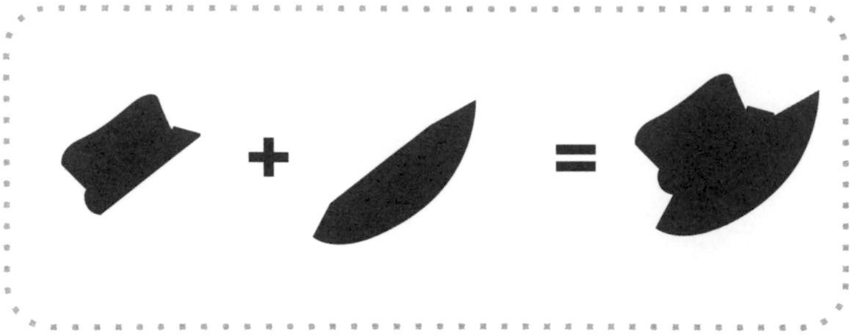

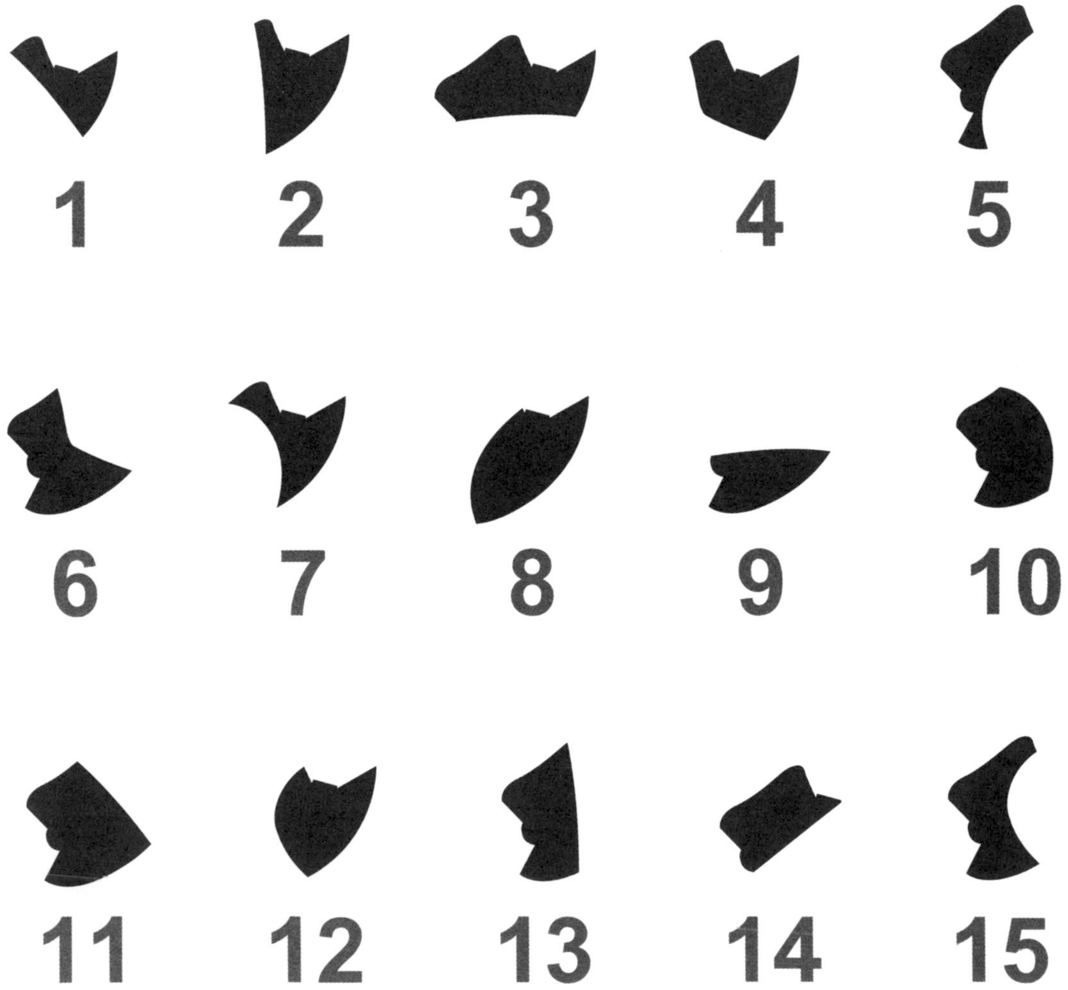

遊戲難度：★★★

圖形配對

10

小螞蟻要把糖果滾回洞裡！

請把可以拼成一顆糖果的圖形配對出來。

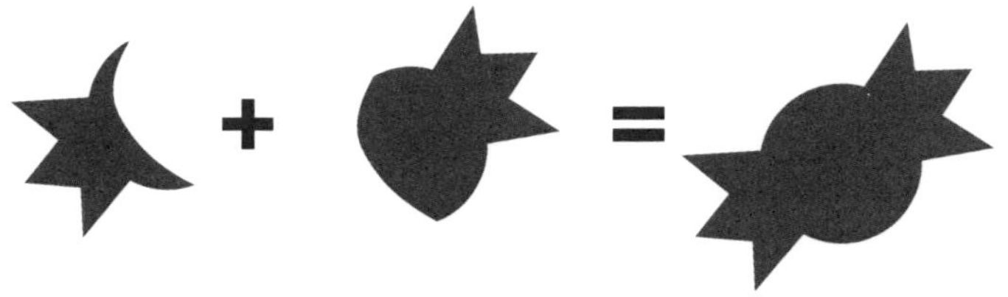

專注力小訣竅

和孩子比賽誰找的快！您可以故意找錯圖形，讓孩子糾正，以提高孩子的成就感，更樂於玩遊戲。

圖形配對

遊戲難度：★★★

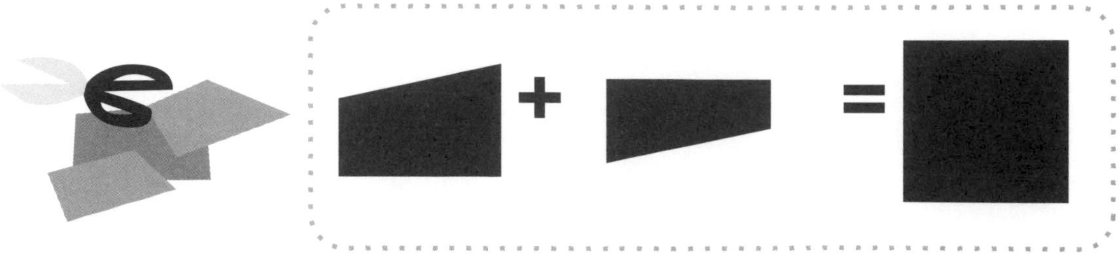

11

請把可以拼成完整正方形的圖案配對找出來。

遊戲難度：★★★

12

請把可以拼成完整三角形的圖案配對找出來。

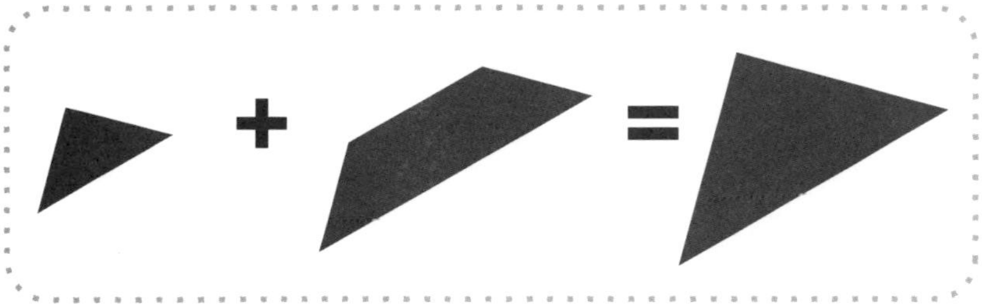

專注力小訣竅

「仔細看！下面的圖形哪個和題目很像？」不要直接告訴孩子答案，而是提醒方向，先從大範圍提醒，再慢慢地縮小範圍，以免孩子一直等您給他答案，而不願意自己嘗試。

遊戲難度：★★★

圖形配對

13

請把可以拼成完整圓形的圖案配對找出來。

遊戲難度：★★★

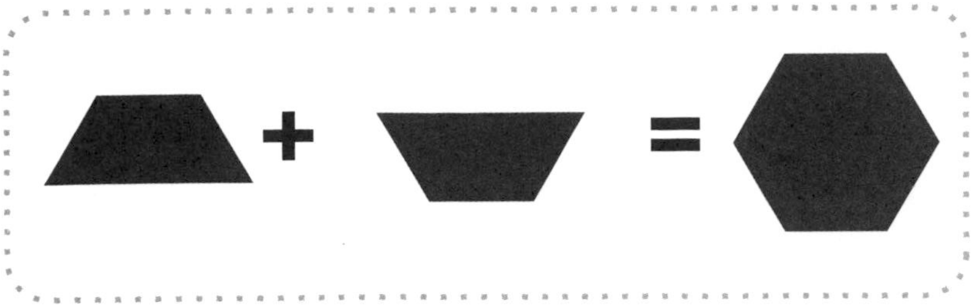

14

請把可以拼成完整六角形的圖案配對找出來。

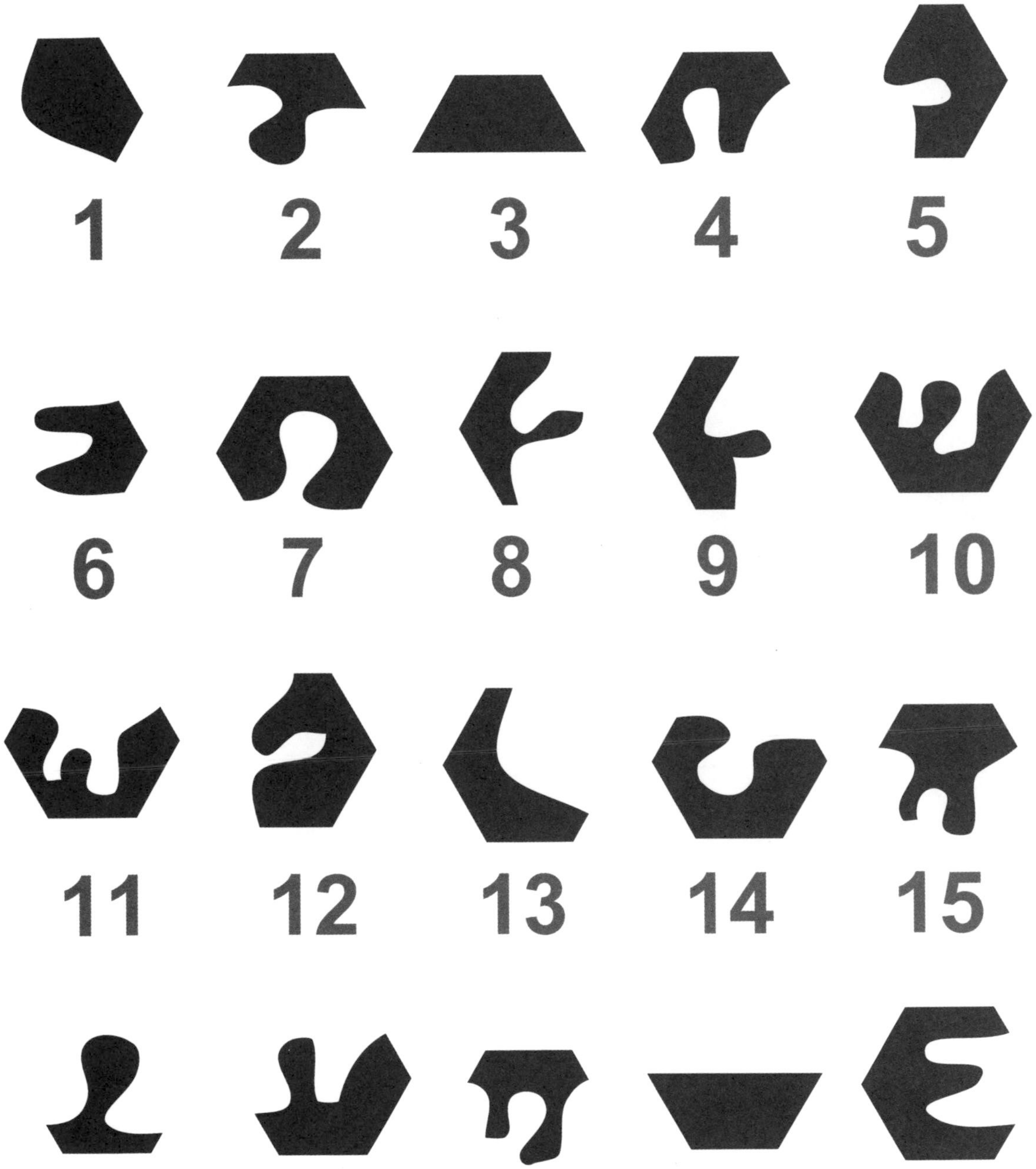

專注力小訣竅

當孩子在遊戲中遇到困難時，不妨先停一停，帶著孩子仔細看每個圖案的不同，「哪幾個有凹下去的山洞？」「原來這兩個可以接在一起！」換個玩法，一樣可以訓練專注力！

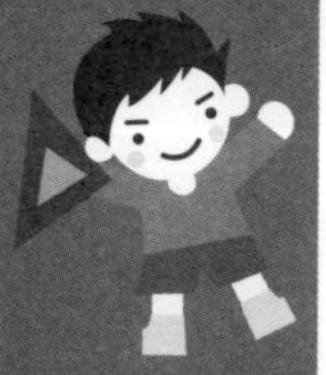

圖形配對

遊戲難度：★★★

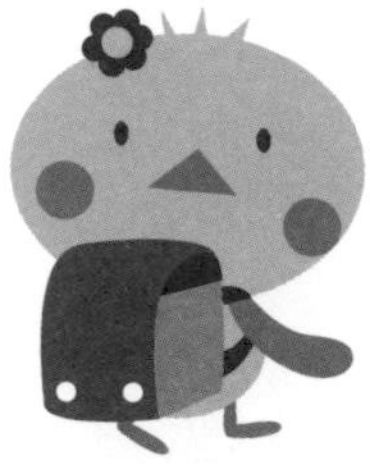

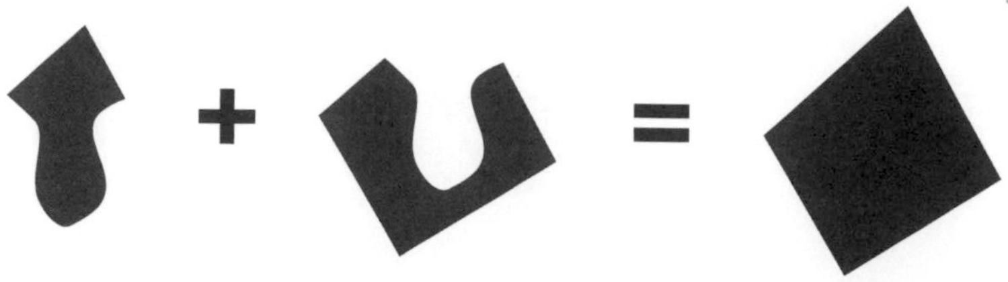

15

請把可以拼成完整菱形的圖案配對找出來。

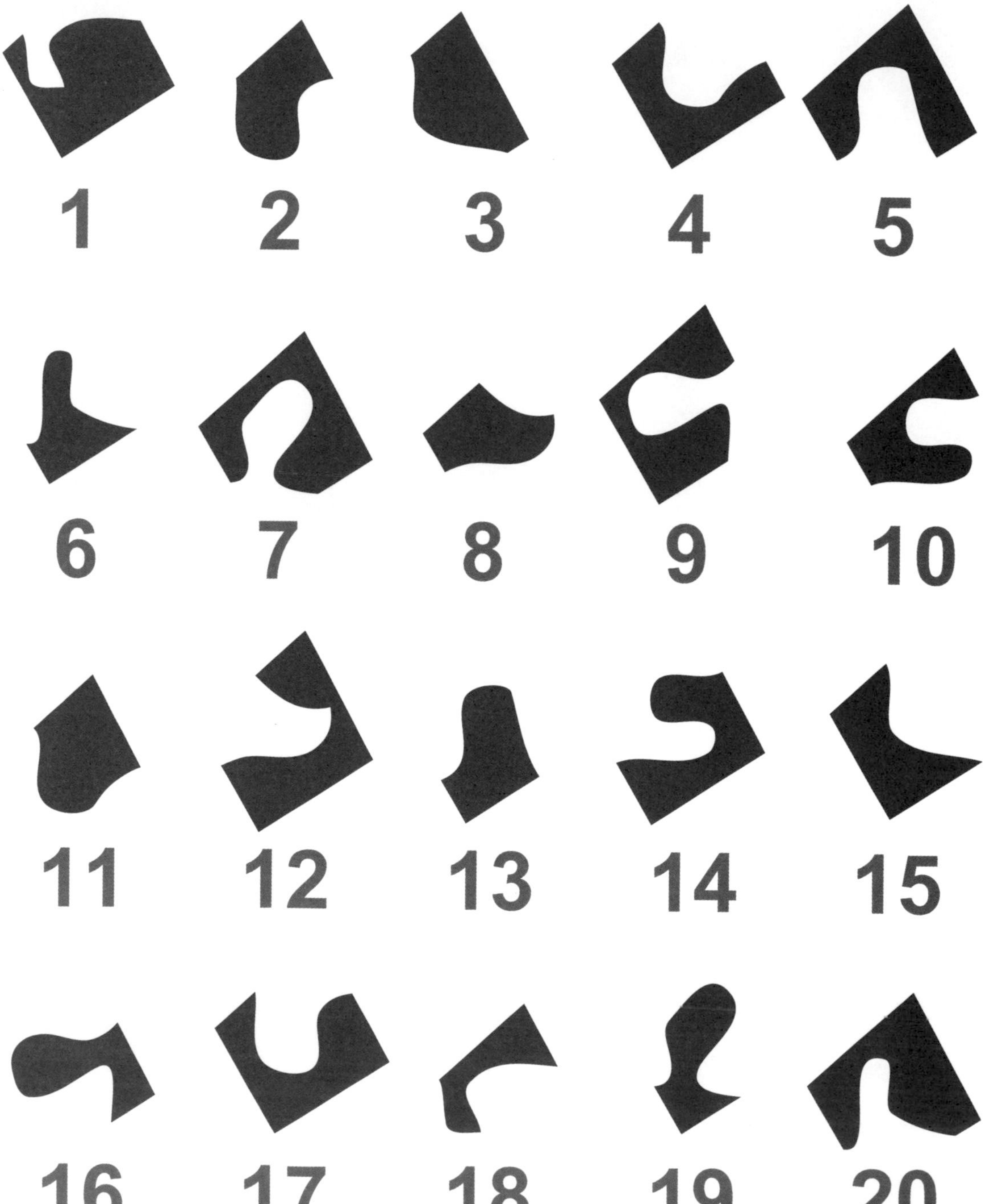

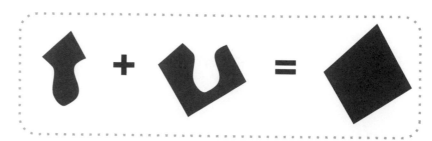

16

請把可以拼成完整圓形的圖案配對找出來。

遊戲難度：★★★★

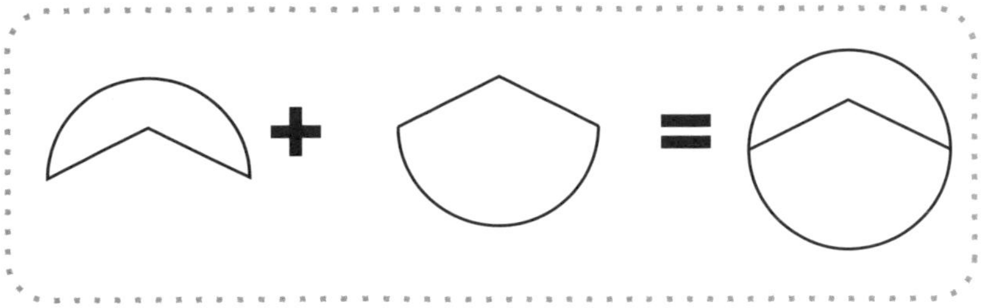

1 2 3 4 5

6 7 8 9 10

11 12 13 14 15

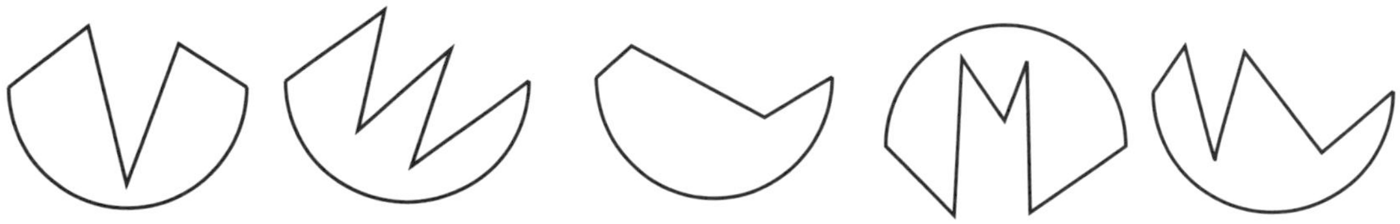

16 17 18 19 20

專注力小訣竅

當圖案變得複雜，孩子難免不想進行遊戲，這時候不妨翻回前面題目，除了溫習外，也可以重新建立孩子的自信心，接著再面對挑戰時，就不會容易退縮！

遊戲難度：★★★★

17

請把可以拼成完整五角形的圖案配對找出來。

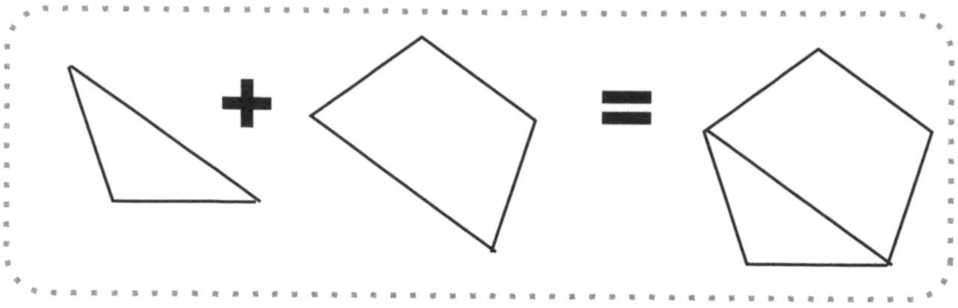

遊戲難度：★★★★

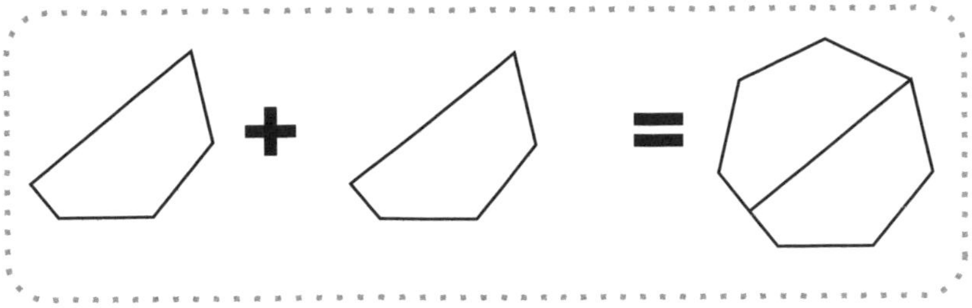

18 請把可以拼成完整六角形的圖案配對找出來。

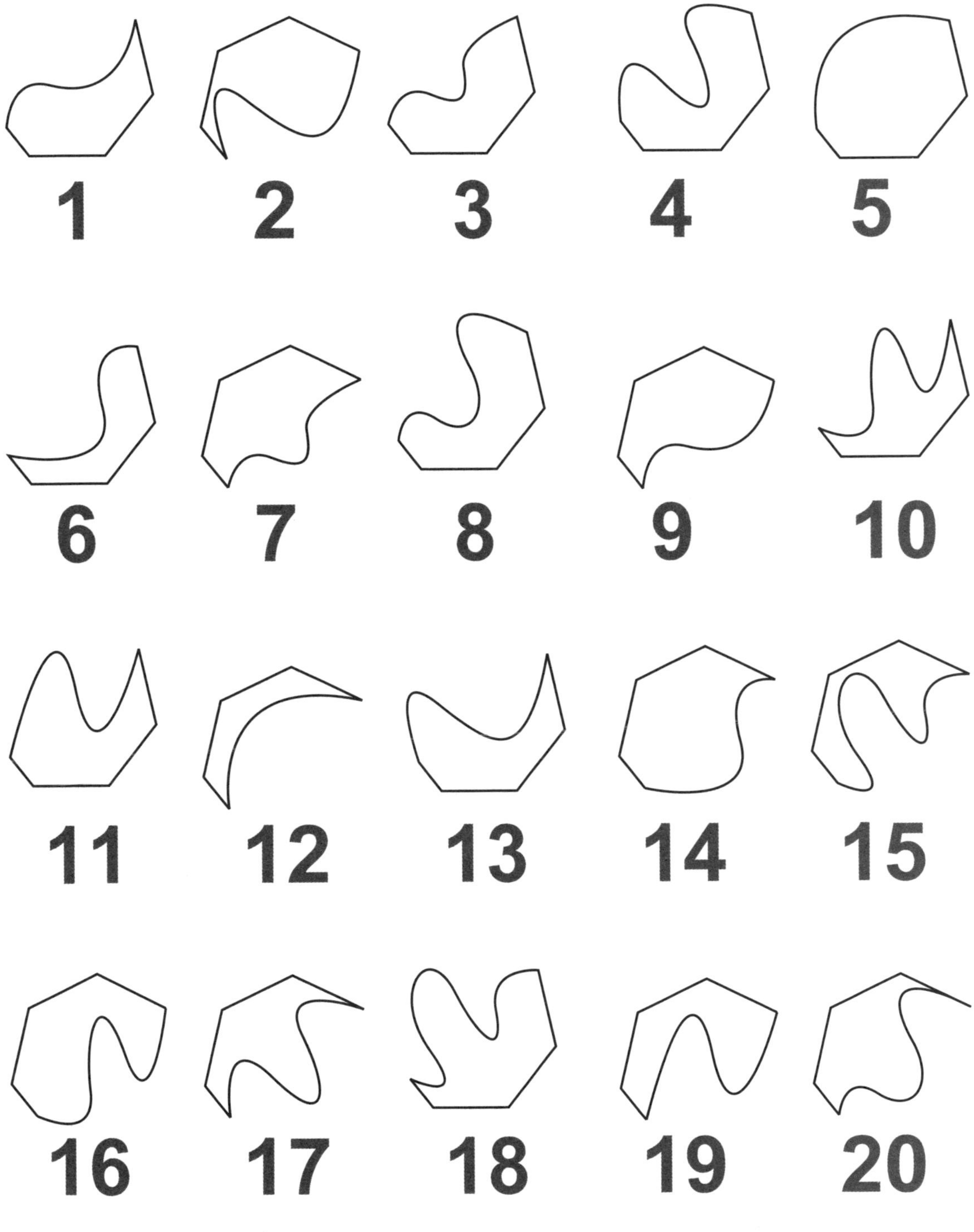

難度較高的題目，需要孩子更多的時間來思考，因此不要催促孩子「快一點！」，孩子花越多時間在思考與觀察，代表著孩子的注意力持續度也跟著提升呢！

遊戲難度：★★★★

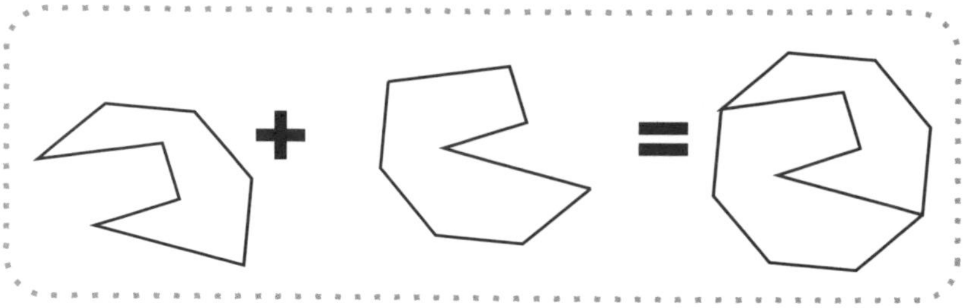

19

請把可以拼成完整八邊形的圖案配對找出來。

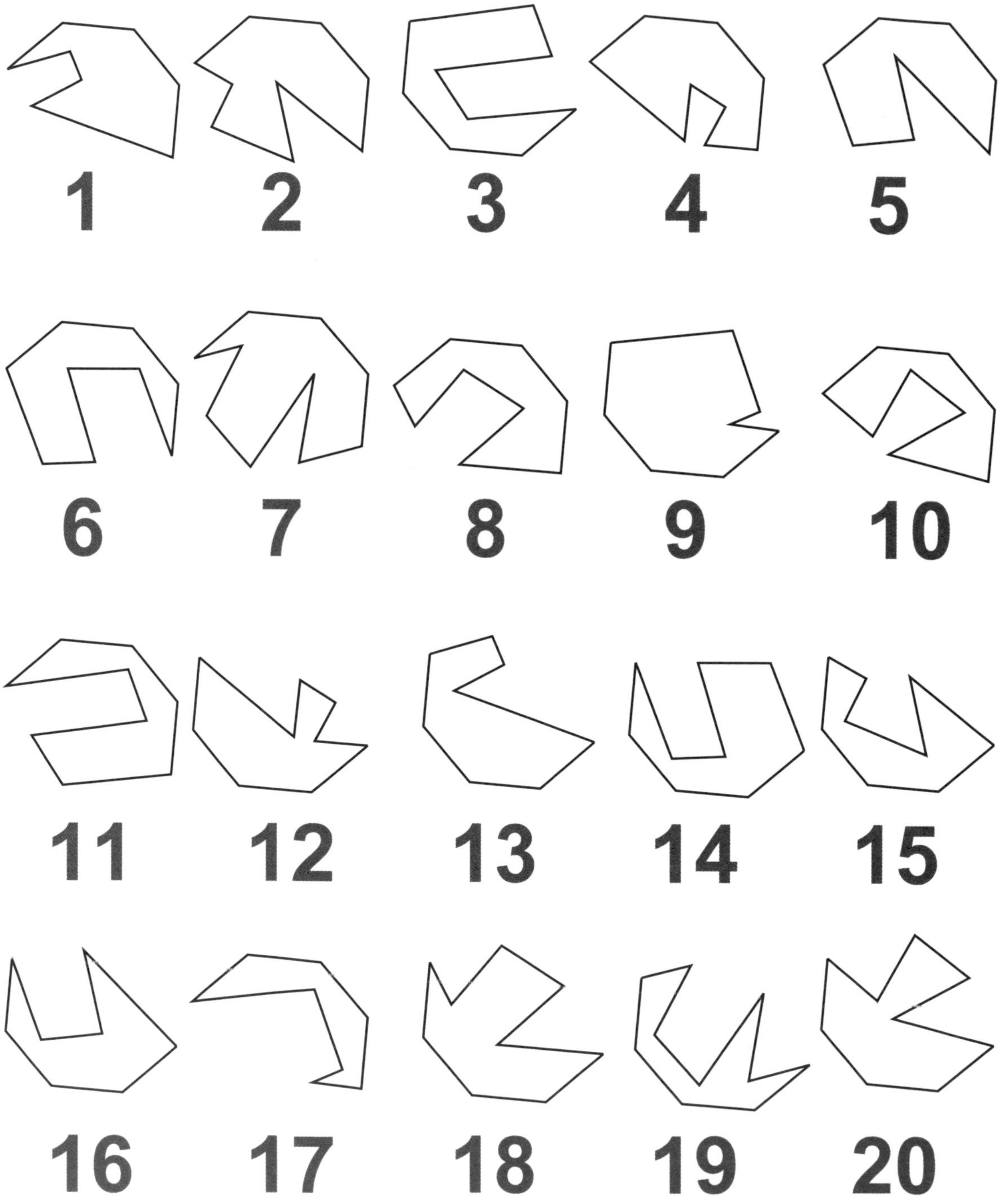

遊戲難度：★★★★

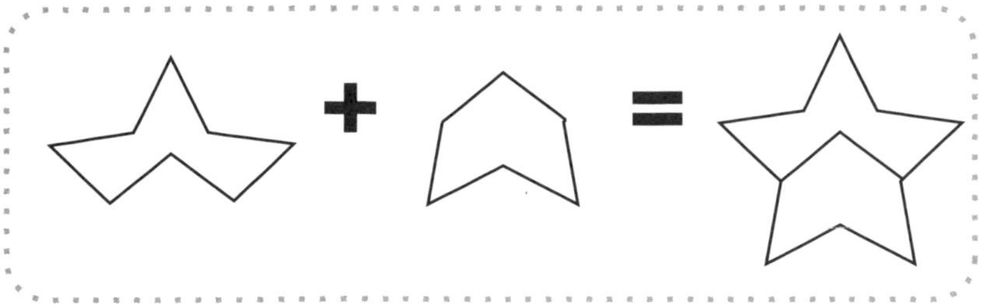

20

請把可以拼成完整星形的圖案配對找出來。

專注力小訣竅

當孩子答案錯誤時，不要急著告訴孩子哪裡錯了！只需要輕輕地告訴孩子，「不太對喔！好像哪裡怪怪的？」只要孩子找到了正確答案，就要大力稱讚喔！

遊戲難度：★★★★★

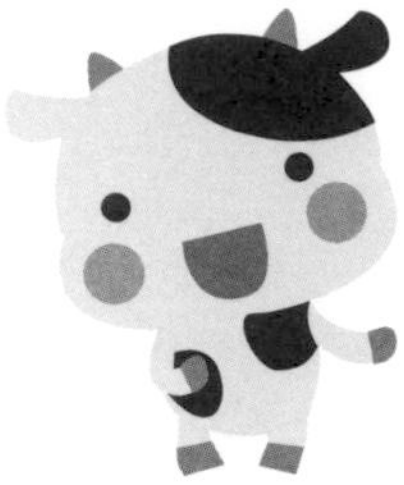

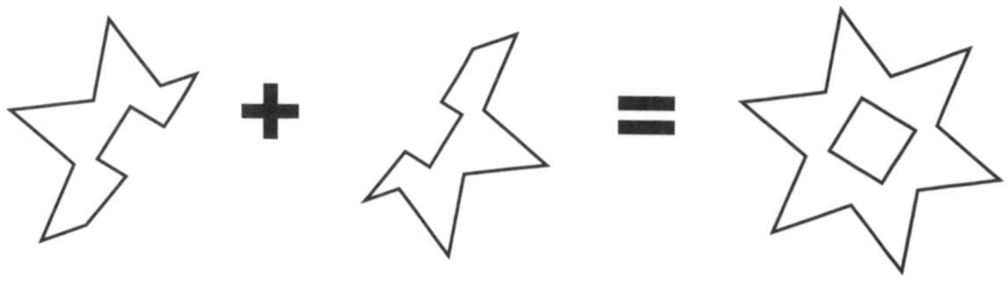

21

請把可以拼成完整圖形的圖案配對找出來。

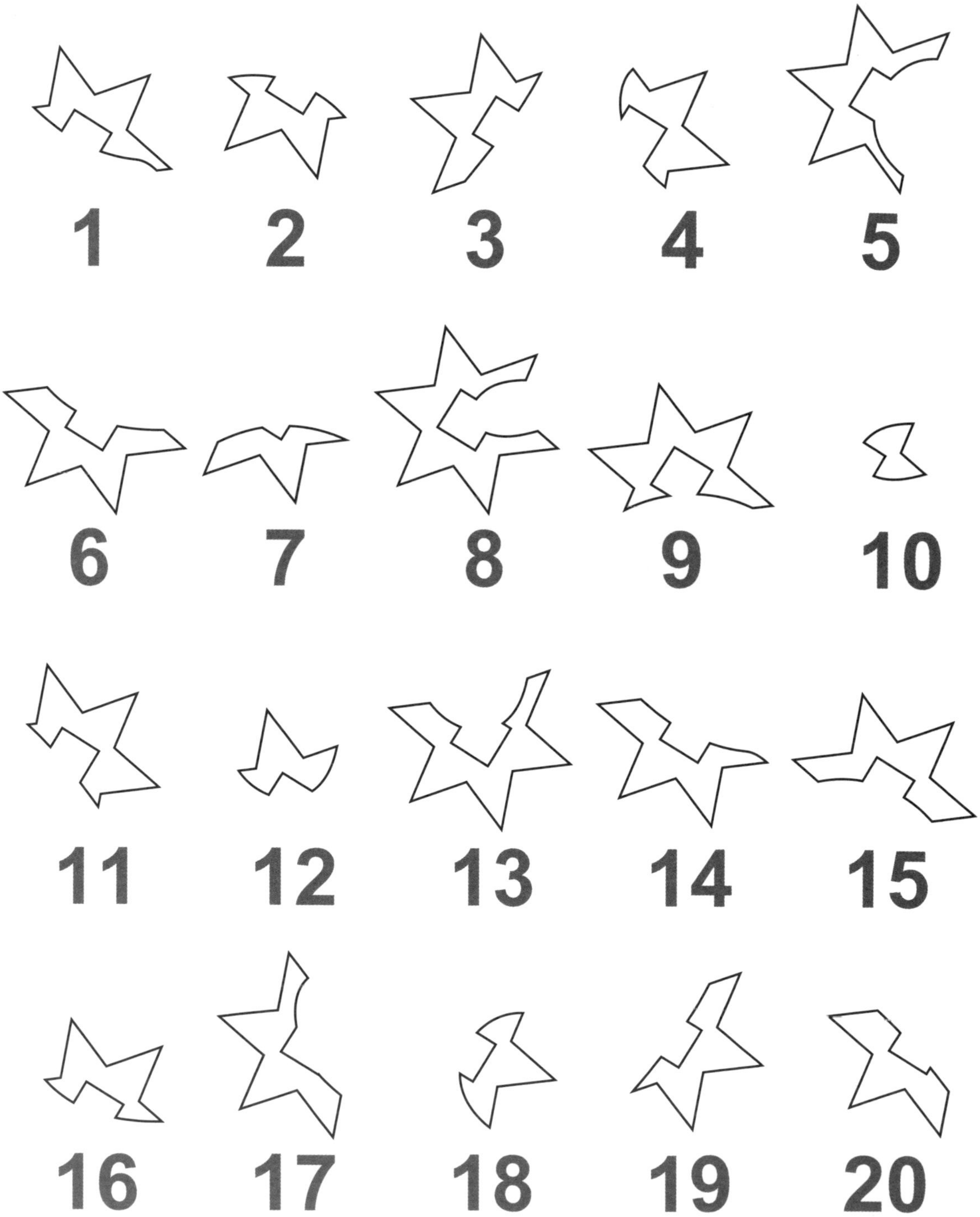

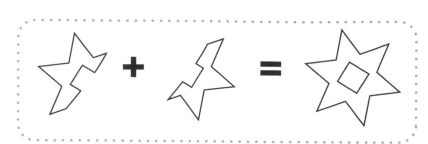

遊戲難度：★★★★★

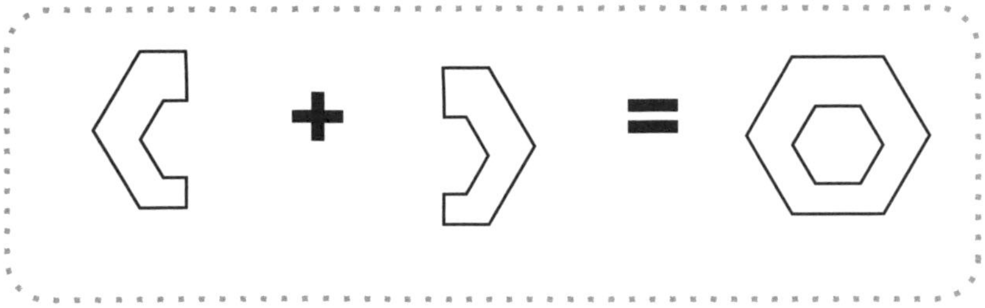

22

請把可以拼成完整六邊形的圖案配對找出來。

專注力小訣竅

不必要求孩子一次就把所有的答案找出來，而是每找出一組，您就應該給予鼓勵。適當的鼓勵遠比催促孩子——「趕快找啊！」來得有效多了！

圖形配對

遊戲難度：★★★★★

23

請把可以拼成完整圖案的圖形配對找出來。

24

請把可以拼成完整圖案的圖形配對找出來。

遊戲難度：★★★★★

1 2 3 4 5

6 7 8 9 10

11 12 13 14 15

16 17 18 19 20

準備相同顏色的多張色紙，以不同的摺法將每張紙摺起來，協助孩子將每張紙任意剪成兩半，攤開後就成了各種不同的形狀。試著請孩子配對看看吧！

遊戲難度：★★★★★

25

請把可以拼成完整圖案的圖形配對找出來。

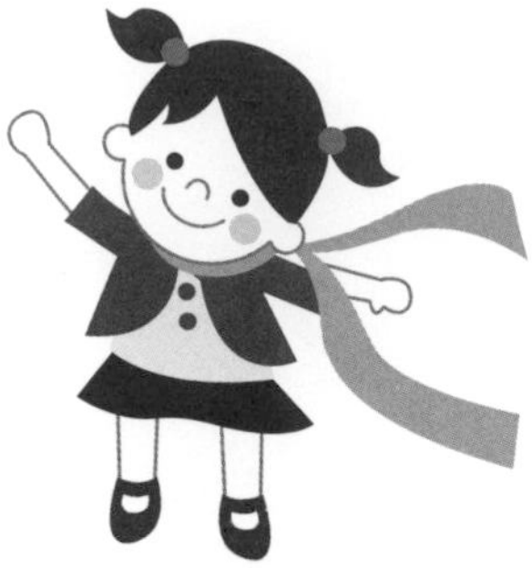

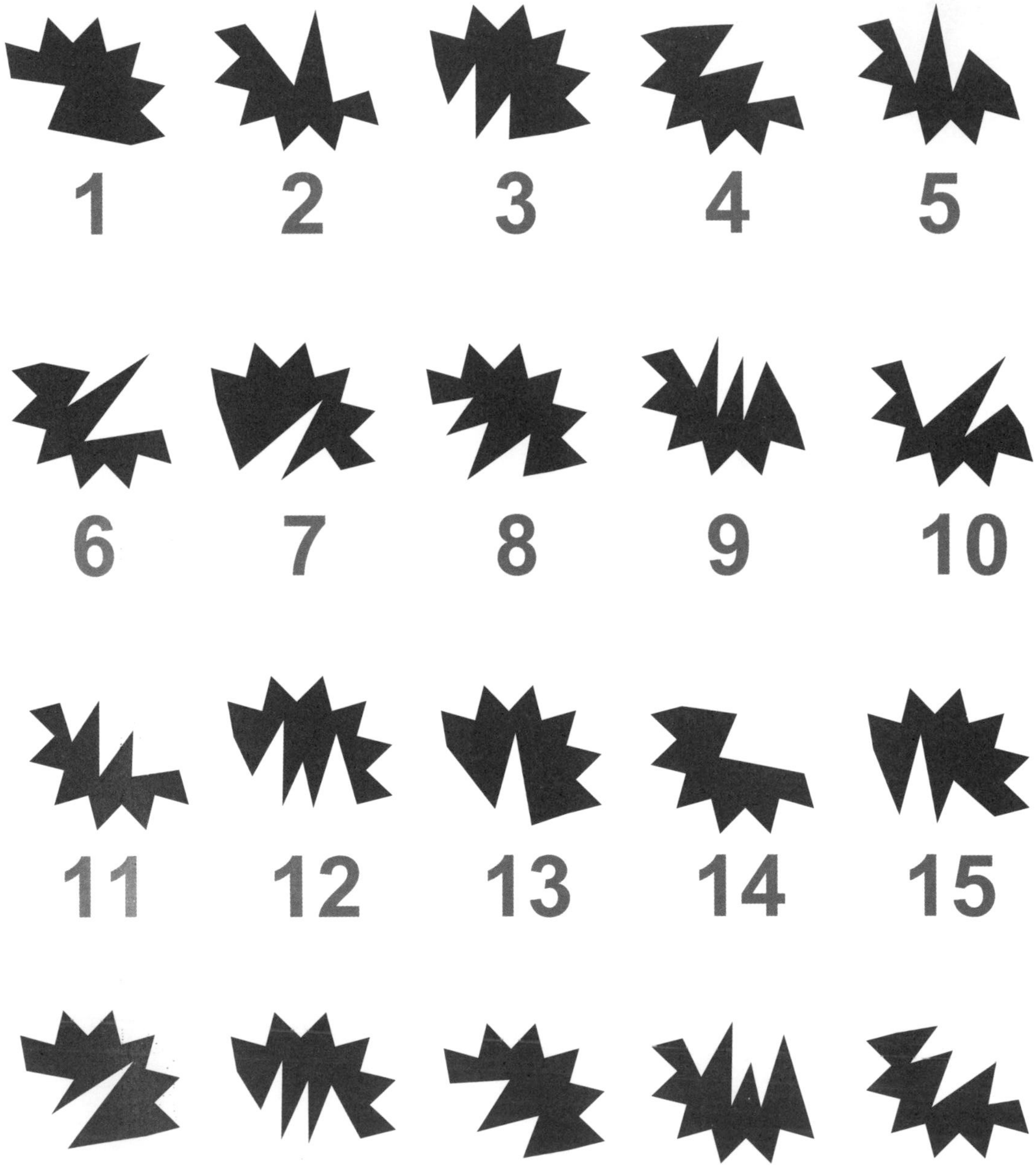

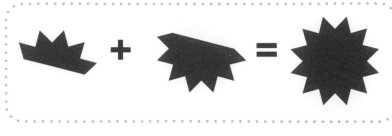

寫給家長的話

可以玩出什麼能力？

在形狀相同的六角形格子中，僅有著色的數字不同，孩子要能夠根據數字辨別顏色的不同，並將顏色準確地塗在六角格子中，這需要將「視覺搜尋力」、「視覺記憶力」、「手眼協調」等能力都發揮得淋漓盡致，才能表現出完美的「專注力」。相反地，如果孩子在這個單元表現不佳，不見得是「專注力」不好，有可能是其他基礎能力落後所導致，因此，找出問題才能幫助孩子。

「視覺搜尋力」不佳的孩子在看號碼選顏色時容易混淆，不是找不到格子，就是塗錯顏色；「視覺記憶力」不佳的孩子明明記住顏色了，可是塗了兩、三格後又忘記該塗什麼顏色了；「手眼協調」不佳的孩子則是容易把顏色塗到格子外，有時也會被誤認爲「塗錯格子」。藉由這個遊戲，可以培養孩子各項學習時需要的技巧與能力。

小朋友應該怎麼玩？

遊戲開始進行時，可以教導孩子認識顏色名稱的國字，倘若孩子無法記憶國字，則可以先在題目的六角格子中塗上顏色以幫助孩子辨認與記憶。接著遊戲可以依孩子的能力分爲兩種玩法，家長不妨都試看看。

❶ 讓孩子記憶一種顏色，找出該顏色的格子把顏色塗滿；這樣的玩法可以培養孩子的耐心與視覺搜尋能力。

❷ 讓孩子將顏色都記起來，接著由媽媽指定某個格子，請孩子辨別出這個格子應該塗什麼顏色，並且將顏色塗入；這樣可以訓練孩子的記憶能力與反應速度。

PART 2 六角著色

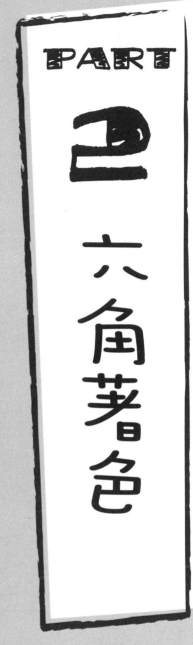

遊戲難度：★

01

請依照上列號碼所對照的顏色著色，猜看看可以完成什麼圖形？

1 藍色　2 黃色

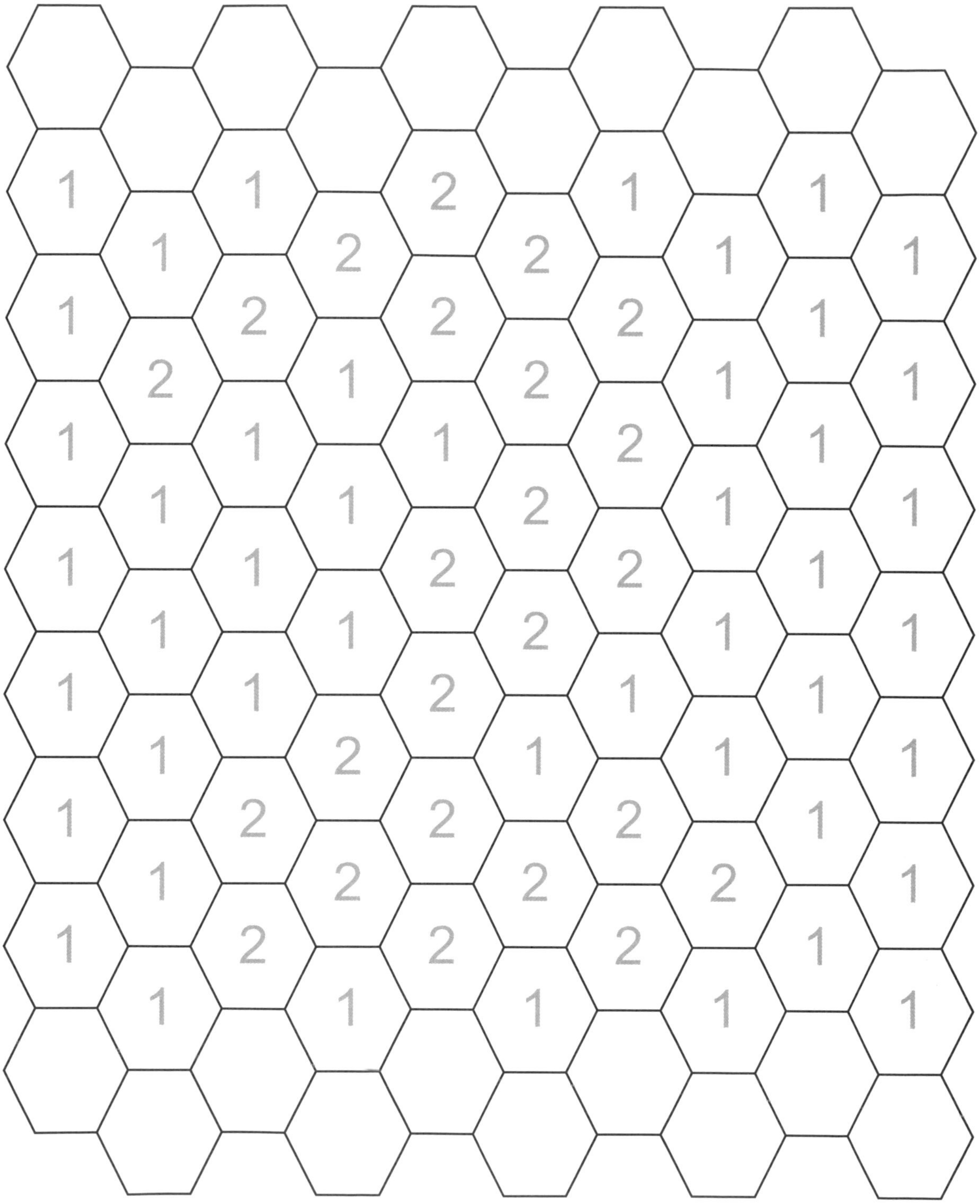

遊戲難度：★

1 藍色　2 黃色　3 紅色

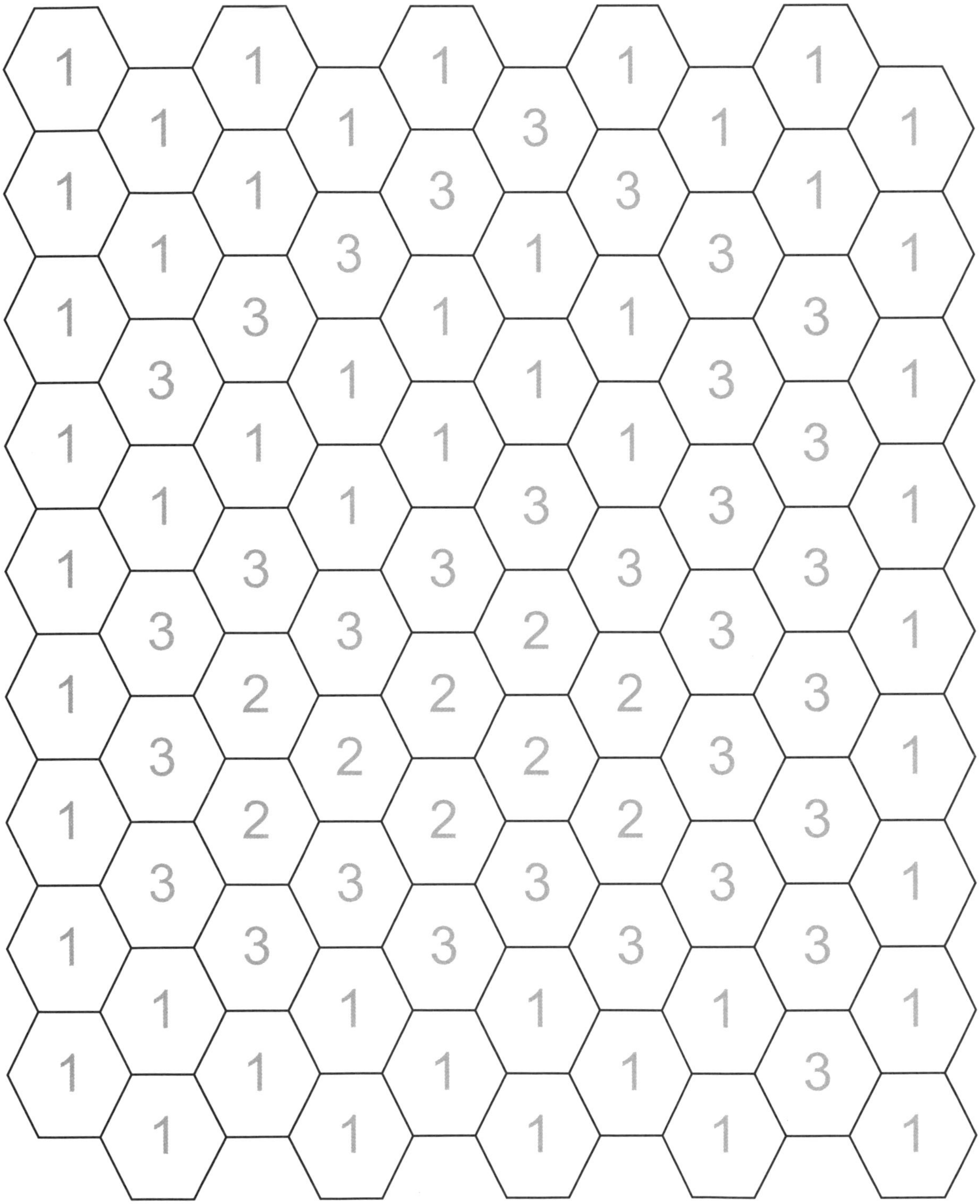

02

請依照上列號碼所對照的顏色著色，猜看看可以完成什麼圖形？

想不到吧！把顏色塗好後竟然出現字母，對孩子來說，是一種成就，塗好後確認自己塗得正確與否又是另一項成就。別再讓孩子等著您告訴他「對」或「錯」，讓他為自己的付出找尋回饋吧！

03

請依照上列號碼所對照的顏色著色，猜看看可以完成什麼圖形？

遊戲難度：★★

1 藍色　2 黃色　3 紅色

遊戲難度：★★

1 綠色　2 黃色　3 紅色　4 藍色

4		4		3		1		1	
	4		3		1		1		1
4		3		1		1		1	
	3		3		3		3		1
4		3		3		3		3	
	4		4		4		4		1
4		4		4		4		3	
	4		4		4		3		1
4		3		4		3		1	
	4		3		3		1		1
4		4		3		1		1	
	4		3		3		1		1
4		3		2		3		1	
	3		2		2		3		1
3		2		2		2		3	
	2		2		2		2		3
2		2		2		2		2	
	2		2		2		2		2

04

請依照上列號碼所對照的顏色著色，猜看看可以完成什麼圖形？

專注力小訣竅

如果孩子的運筆能力不佳，很容易塗出格子，您不妨先將題目影印放大，讓孩子容易著色，畢竟我們訓練的是「專注力」而不是「精細動作能力」。只要孩子著色時有任何優異表現，請不要吝嗇給予掌聲喔！

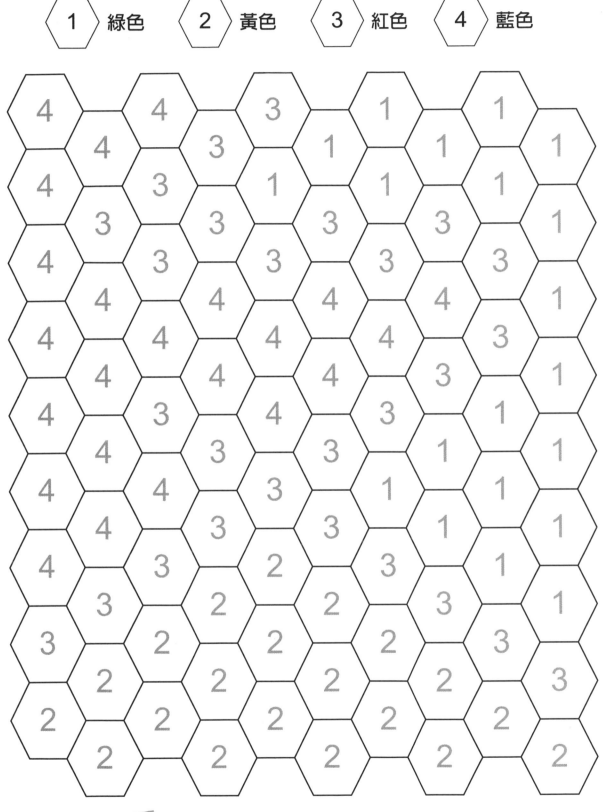

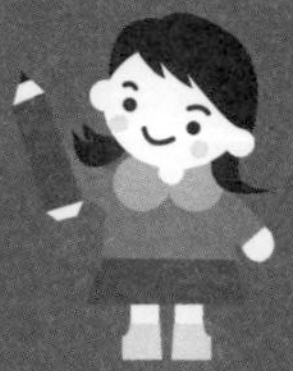

六角著色

05

請依照上列號碼所對照的顏色著色，猜看看可以完成什麼圖形？

遊戲難度：★★

1 綠色　2 黃色　3 紅色　4 藍色

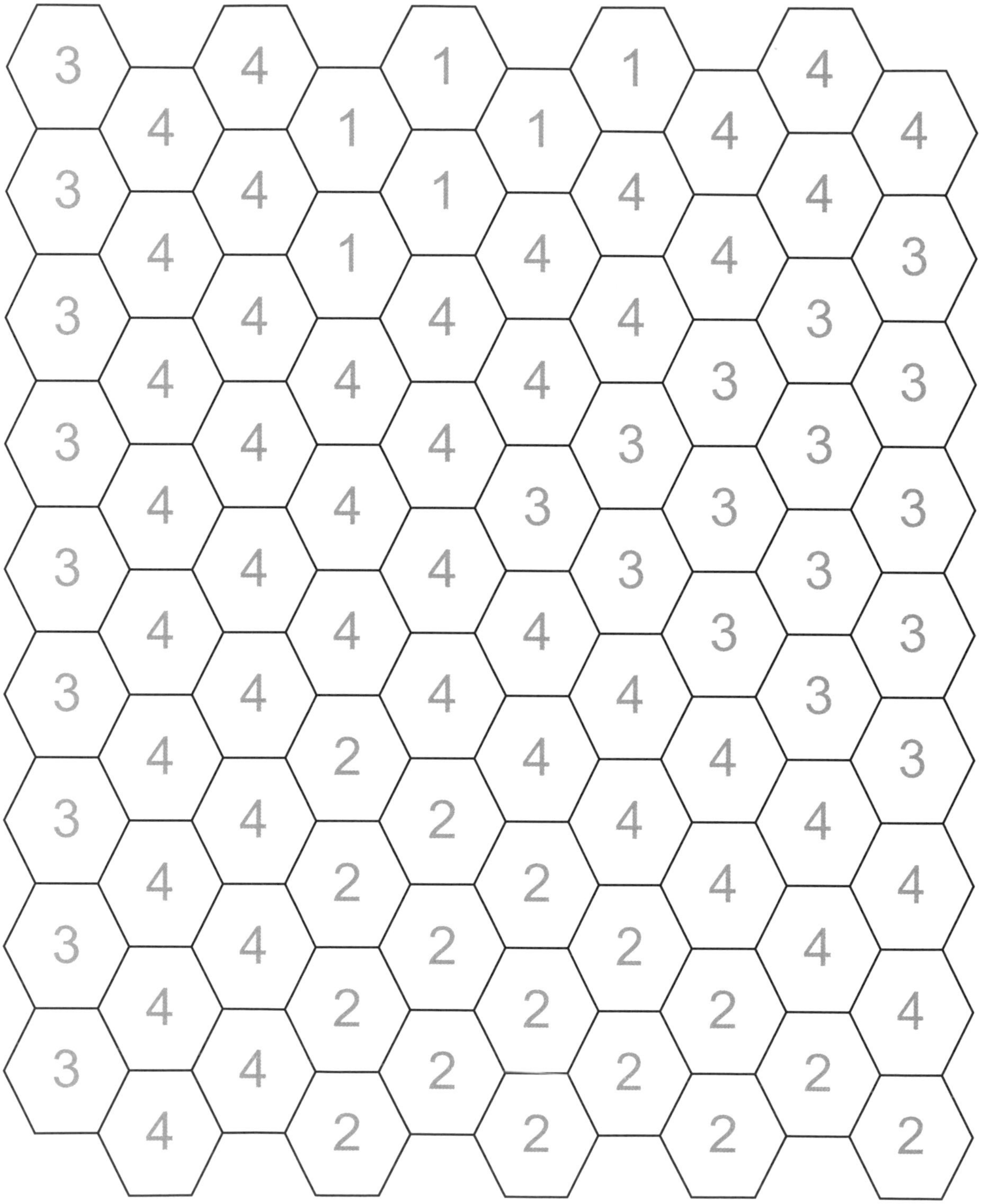

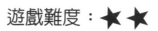

06

請依照上列號碼所對照的顏色著色，猜看看可以完成什麼圖形？

遊戲難度：★★★

1 紅色　2 黃色　3 藍色

專注力小訣竅

如果孩子還是容易塗出格子，不妨在名片的中間，挖出一個與題目相同大小的六角格子，請孩子放在要塗的格子上，那麼即使孩子亂塗，也不會畫花整張題目，專注力更容易提升。

07

請依照上列號碼所對照的顏色著色，猜看看可以完成什麼圖形？

遊戲難度：★★★

1 橘色　2 黃色　3 紅色　4 綠色

08 請依照上列號碼所對照的顏色著色，猜看看可以完成什麼圖形？

遊戲難度：★★★

1 白色　2 黑色　3 粉紅色　4 粉藍色

專注力小訣竅

每天 5 分鐘是基本的遊戲時間，只要孩子有興趣，可以將時間拉長。但建議家長陪孩子玩時儘量以時間長短作限制，而不是以完成整張題目作要求，以免因受到孩子興趣的影響而左右了專注力維持的時間。

09 請依照上列號碼所對照的顏色著色，猜看看可以完成什麼圖形？

遊戲難度：★★★

1 黑色　2 橘色　3 藍色　4 綠色

專注力小訣竅

建議將主角的顏色，如青蛙的綠色作為最後著色的目標，以免孩子看出主題而不願意繼續進行遊戲。如果孩子因知道主題而缺乏興趣、不配合，則可以要求孩子將主角的顏色塗完就算完成作品囉！

10

請依照上列號碼所對照的顏色著色，猜看看可以完成什麼圖形？

遊戲難度：★★★

1 桃紅色　2 黑色　3 綠色　4 粉紅色

11

請依照上列號碼所對照的顏色著色，猜看看可以完成什麼圖形？

遊戲難度：★★★

1 黑色　2 黃色　3 桃紅色　4 橘色

12

請依照上列號碼所對照的顏色著色，猜看看可以完成什麼圖形？

遊戲難度：★★★

1 綠色　2 藍色　3 紅色　4 黑色

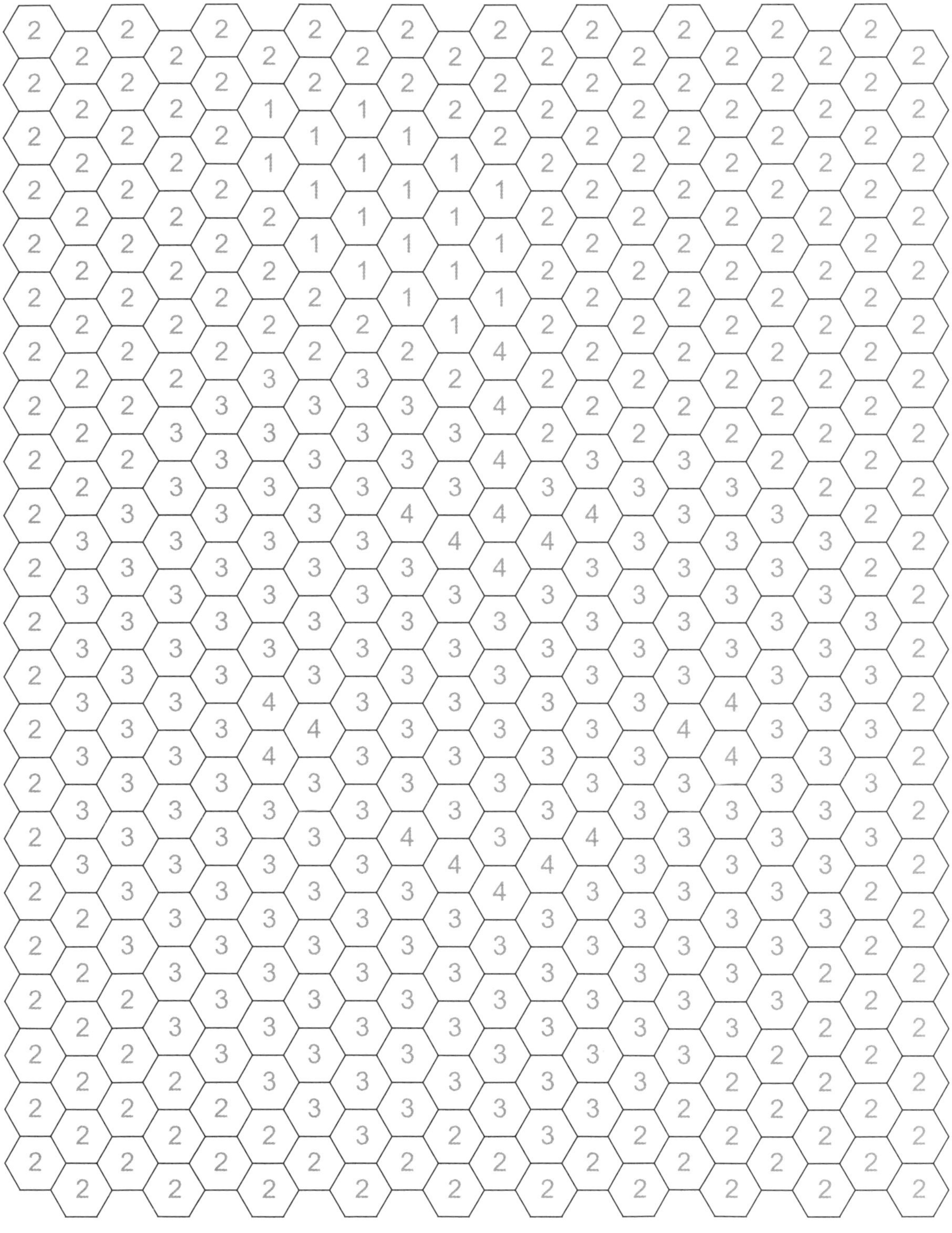

擲骰子吧！利用擲出六面骰子來決定要塗的顏色，而沒有題目規定的數字則可改以「媽媽指定格子」及「媽媽決定顏色」等來作為題目。這樣的玩法除了讓孩子覺得不無聊外，也是訓練孩子「分離性專注力」很好的辦法。

13

請依照上列號碼所對照的顏色著色，猜看看可以完成什麼圖形？

遊戲難度：★★★

1 黑色　2 黃色　3 綠色　4 紅色

遊戲難度：★★★★

1 橘色　2 黑色　3 綠色　4 黃色　5 咖啡色

3	3	3	3	3	3	3	3	3	3
3	3	3	3	3	3	3	3	3	3
3	3	3	3	3	3	3	3	3	3
3	3	3	3	5	3	3	3	3	3
3	3	3	3	5	5	3	3	3	3
3	3	3	5	5	5	3	3	3	3
3	3	3	5	5	5	5	3	3	3
3	3	5	5	5	5	5	3	3	3
3	3	5	5	5	5	5	5	3	3
3	3	5	5	5	5	5	3	3	3
3	3	5	5	5	5	4	5	3	3
3	5	5	4	5	4	4	5	3	3
3	3	5	4	4	4	4	5	3	3
3	5	4	4	4	4	4	5	3	3
3	3	5	4	4	4	4	5	3	3
3	5	4	4	4	4	4	5	5	3
3	5	5	4	4	4	4	4	5	5
3	5	4	4	4	4	4	5	5	3
3	5	5	4	4	4	4	4	5	5
5	5	4	4	4	4	4	5	4	3
3	4	5	4	4	4	4	5	4	5
5	4	4	4	4	4	4	5	4	3
3	4	5	4	4	4	4	5	4	5
5	4	4	2	4	2	4	5	4	3
3	4	5	2	4	4	2	5	4	5
5	5	4	2	4	2	4	5	4	3
3	5	5	4	4	4	4	4	5	5
3	5	4	4	4	4	1	4	5	3
3	5	4	1	4	4	1	1	5	3
3	5	1	1	4	2	1	4	3	3
3	3	4	1	2	2	1	1	5	3
3	5	1	1	2	4	1	4	3	3
3	3	4	1	4	4	4	4	5	3
3	5	4	4	4	4	4	4	3	3
3	3	5	4	4	4	4	4	5	3
3	3	4	4	4	4	4	5	3	3
3	3	5	4	4	4	4	5	3	3
3	3	5	4	4	4	5	3	3	3
3	3	3	5	4	4	5	3	3	3
3	3	3	5	5	5	3	3	3	3
3	3	3	3	5	5	3	3	3	3
3	3	3	3	5	3	3	3	3	3
3	3	3	3	3	3	3	3	3	3
3	3	3	3	3	3	3	3	3	3

14 請依照上列號碼所對照的顏色著色，猜看看可以完成什麼圖形？

專注力小訣竅

先讓孩子記住數字與顏色後，拿張紙將題目遮起來，讓孩子根據記憶把顏色塗完，您可以請孩子先找出每個號碼所代表的格子並將顏色一一塗入，這樣就不怕忘記了！

15

請依照上列號碼所對照的顏色著色，猜看看可以完成什麼圖形？

遊戲難度：★★★★

1 橘色　2 深藍色　3 黃色　4 桃紅色　5 紅色　6 淺藍色

專注力小訣竅

同一塊顏色如果範圍太大，孩子難免會感到不耐煩，因此您可以在同一個顏色範圍內再增加題目，如 4-2 粉紅色等，或讓孩子自己標記記號或決定顏色，以提升遊戲的好玩度，增加孩子的動機。

遊戲難度：★★★★

1 橘色	2 黑色	3 藍色	4 紅色	5 黃色	6 紫色

16

請依照上列號碼所對照的顏色著色，猜看看可以完成什麼圖形？

17

請依照上列號碼所對照的顏色著色，猜看看可以完成什麼圖形？

遊戲難度：★★★★

1 黃色	2 紫色	3 黑色	4 綠色	5 紅色	6 粉紅色

遊戲難度：★★★★

1 橘色　2 綠色　3 灰色　4 藍色　5 紅色　6 桃紅色

專注力小訣竅

如果您想帶著孩子自己設計題目，只需將題目影印兩張，先試著在其中一張塗上顏色設計題目，之後再將不同的顏色編號；接著在另一張上將原來題目的號碼塗掉，標上自己的顏色編號，再影印一次，就成為新的題目囉！

18 請依照上列號碼所對照的顏色著色，猜看看可以完成什麼圖形？

19

請依照上列號碼所對照的顏色著色，猜看看可以完成什麼圖形？

遊戲難度：★★★★★

1 綠色　2 黑色　3 粉紅色　4 橘色　5 紫色　6 灰色

遊戲難度：★★★★★

1 紅色　2 藍色　3 綠色　4 紫色　5 黑色　6 黃色

20 請依照上列號碼所對照的顏色著色，猜猜看可以完成什麼圖形？

看不出來畫出什麼動物嗎？先確認每個顏色是否都畫正確了，接著將成品拿遠一點，就可以觀察出來囉！如果再不行，就請爸媽將主角周邊用黑色彩色筆描繪一次，以幫助小朋友辨認出成品是什麼！

六角著色

21

請依照上列號碼所對照的顏色著色，猜看看可以完成什麼圖形？

遊戲難度：★★★★★

1	2	3	4	5	6
黃色	黑色	藍色	橘色	紫色	灰色

22

請依照上列號碼所對照的顏色著色，猜看看可以完成什麼圖形？

遊戲難度：★★★★★

1 淺藍色　2 黑色　3 深藍色　4 橘色　5 黃色　6 咖啡色

專注力小訣竅

畫不完沒關係，只要孩子在時間限制內認真進行遊戲，我們就應該給予鼓勵，如果孩子急於將作品完成，則可以將遊戲當作是「獎賞」，要求孩子做一件事（如撿垃圾、收玩具）後才讓他繼續完成遊戲，這樣的做法可以幫助父母更容易「管教」孩子。

23

請依照上列號碼所對照的顏色著色，猜看看可以完成什麼圖形？

遊戲難度：★★★★★

號碼	顏色
1	黃色
2	橘色
3	黑色
4	桃紅色
5	藍色
6	紅色
7	紫色

遊戲難度：★★★★★

1 咖啡色　2 粉紅色　3 白色　4 紅色　5 黑色　6 黃色　7 藍色

六角著色

24

請依照上列號碼所對照的顏色著色，猜猜看可以完成什麼圖形？

還可以這樣玩

準備色紙或有各種顏色的月曆紙，剪成 1 平方公分大小的不規則圖形，讓孩子在塗畫紙上自行拼貼圖案，這有助孩子組織與計畫能力的提升，更可以變成團體遊戲，訓練孩子溝通與領導能力。

25

請依照上列號碼所對照的顏色著色，猜看看可以完成什麼圖形？

遊戲難度：★★★★★

1 綠色　2 桃紅色　3 咖啡色　4 橘色　5 黃色　6 藍色　7 紅色

寫給家長的話

可以玩出什麼能力？

媽媽更換房間的擺設，孩子是否能立即發現不同，還是無動於衷？事實上，孩子的「觀察力」不好，有時是因爲他無法擁有良好的「視覺記憶能力」與「區辨能力」，因此無法「同中求異」。而這個遊戲則對補強孩子的專注力具有極佳的訓練效果，因爲它有助於培養孩子的「視覺記憶能力」以及「區辨能力」。

小朋友應該怎麼玩？

在這個單元裡，孩子必須在相同的兩張圖中，試著找出不一樣的地方，例如：是大小不一樣？還是形狀不同？或是不見了？孩子能夠一一找出不一樣的地方嗎？還是一下子就放棄了呢？

玩的時候可以告訴孩子，這兩張圖中有幾個地方不一樣，請他找找看！當孩子遇到挫折時，除了鼓勵之外，還可以先給予範圍的限定，例如：「看看左上角，有個地方的小鳥不見囉！」給孩子提示，而不是給解答，因爲我們要訓練孩子的是專注力，而不是解題能力。

因此，只要孩子能夠持續在這兩張圖中觀察，我們就應該給予讚賞，如此不僅孩子的注意力持續度能增長，也能培養耐心與挫折忍受度。而當孩子能把答案找出來，那就更應該給予鼓勵，如此才能造就孩子的自信心，將來需要更專心的時候才能更投入，而達到更優質的表現。

PART 3 大家來找碴

遊戲難度：★

01

請找出上下圖五個不一樣的地方。

遊戲難度：★

02

請找出上下圖五個不一樣的地方。

專注力小訣竅

注意囉！如果僅有顏色深淺改變，對孩子來說，可能會有點難分辨，因此不容易找出不同，您不妨提醒他：「有個東西的顏色深淺不一樣喔！」幫助孩子找出答案中，以增進遊戲的樂趣。

遊戲難度：★

03

請找出上下圖五個不一樣的地方。

遊戲難度：★

04

請找出上下圖五個不一樣的地方。

專注力小訣竅

越是複雜的圖形越有挑戰，但要避免孩子產生挫折感。您可以用二隻手指，分別指著上下同一個地方請孩子作比較，以幫助孩子視覺集中，找出不同處。

遊戲難度：★

05

請找出上下圖五個不一樣的地方。

06

請找出上下圖八個不一樣的地方。

遊戲難度：★★

專注力小訣竅

位置左右相反對孩子來說也很困難的喔！因為物品明明還在，怎麼會不同呢？您可以適當提示孩子，「不同」的定義包括：物品還在，只是左右相反。

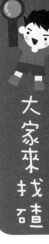

遊戲難度：★★

07

請找出上下圖八個不一樣的地方。

遊戲難度：★★

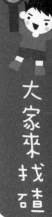

08

請找出上下圖八個不一樣的地方。

專注力小訣竅

範圍如果太大，孩子無法專心，您不妨將圖蓋起來只露出1／3，讓孩子從小範圍開始找起，然後再慢慢擴大，並趁機培養孩子的搜尋技巧。

大家來找碴

遊戲難度：★★★

09

請找出上下圖八個不一樣的地方。

遊戲難度：★★★

10

請找出上下圖八個不一樣的地方。

專注力小訣竅

要找的地方增加慢慢增加囉！不僅改變的地方越細小，難度也越高了。您可以將兩張圖影印剪下後重疊在一起，讓孩子透著光源來找出不同的地方。

遊戲難度：★★★

11

請找出上下圖八個不一樣的地方。

★★★

12

請找出上下圖八個不一樣的地方。

專注力小訣竅

僅大小改變的物件，對孩子來說，仍屬於同一件物品，因此不容易發現不同，您不妨提醒他：「有個東西大小不一樣喔！」讓他從中找出答案，發覺遊戲的樂趣。

遊戲難度：★★★

13

請找出上下圖八個不一樣的地方。

專注力小訣竅

您也可用圖案來描述文字，例如，不要告訴孩子「ㄉ」變成了「ㄌ」了，而是要說「這邊多了一條線」，讓孩子以圖案的方式來熟悉文字，有助於學習文字的興趣。

遊戲難度：★★★

14

請找出上下圖八個不一樣的地方。

專注力小訣竅

當孩子找出不同的地方，但卻不是正確答案時，請不要告訴孩子「錯」！請聽聽孩子的解釋，只要孩子描述的有道理，都應該給予讚賞，這表示孩子的觀察力更仔細！

大家來找碴

遊戲難度：★★★★

15

請找出上下圖八個不一樣的地方。

遊戲難度：★★★★

16

請找出上下圖十個不一樣的地方。

專注力小訣竅

拿一把尺蓋住兩張圖，讓孩子沿著尺比較上下的不同吧！如此可以讓孩子更專心，避免因為不小心「瞄」到別的地方而分心。

遊戲難度：★★★★

17

請找出上下圖十個不一樣的地方。

遊戲難度：★★★★

18

請找出上下圖十個不一樣的地方。

遊戲難度：★★★★

19

請找出上下圖十個不一樣的地方。

遊戲難度：★★★★

20

請找出上下圖十個不一樣的地方。

專注力小訣竅

圖案太相似，以致孩子不想找的時候，不妨讓孩子放鬆一下，看看遠方，讓眼睛獲得休息，讓專注力適當轉移，接著再回來找時，孩子將會表現得更專心，更有效率。

遊戲難度：★★★★★

21

請找出上下圖十個不一樣的地方。

22

請找出上下圖十個不一樣的地方。

遊戲難度：★★★★★

專注力小訣竅

有時孩子會執著於數數花瓣有幾瓣，或是圓圈有幾個，其實這是件好事！能夠仔細觀察每個細節，其實就是良好的專注力表現。有沒有找出答案，反而不是重點喔！

遊戲難度：★★★★★

23

請找出上下圖十個不一樣的地方。

遊戲難度：★★★★★

24

請找出上下圖十個不一樣的地方。

還可以這樣玩

準備數位相機與腳架，將孩子的衣服放於桌上，拍下一張照片後，移動幾個地方、拿走或增加幾件衣服，接著再拍一張。這兩張照片就是最好的遊戲。利用孩子熟悉的物品做為題材，可以讓孩子更樂於遊戲。

遊戲難度：★★★★★

25

請找出上下圖十個不一樣的地方。

PART 4 拼圖找一找

寫給家長的話

可以玩出什麼能力？

所謂的專心，是孩子要能夠處理各種感覺訊息，而所有的學習皆是從視覺開始，因此孩子要能夠對圖案的辨別、細節的觀察、位置的判斷及關係的連結便顯得很重要，也就是必須具有「視覺區辨能力」、「選擇性專注力」等基礎。這個單元中，孩子必須在一張大圖案中找到自己要找的圖案，並且在相似的圖案中分辨細節，進而找到正確答案，而且還要知道圖案所代表的號碼，這一連串的訊息轉換與記憶練習，讓注意力也藉此獲得提升。

小朋友應該怎麼玩？

玩的時候，請孩子找一找，下方排列圖案中的圖案和上方題目中的哪一塊圖案相同呢？並將該塊圖案的數字記錄在下方圖案的方格內。當所有圖案都找完後，再請孩子自己對答案。以往的教育中，我們總是讓孩子在作答後，由師長協助對答案並告訴孩子答案是否正確，而本單元則希望孩子在作答後，自己找出答案並對答案，這樣的作法不僅讓孩子對自己做的事負起責任，也可以讓孩子獲得兩次成就感（作答結束的成就，與對出正確答案的成就），當然也可以降低師長的監督負擔。

如果孩子的表現優秀，則可以在找圖案時，不把答案寫在下方圖案中，而是記住答案，這樣的方式不僅是專注力的進階練習，同時也可以訓練孩子的記憶能力。

（本單元附選項紙卡，請見P.143）

拼圖找一找

01

請找出下面方格裡的圖形所代表的號碼。

遊戲難度：★

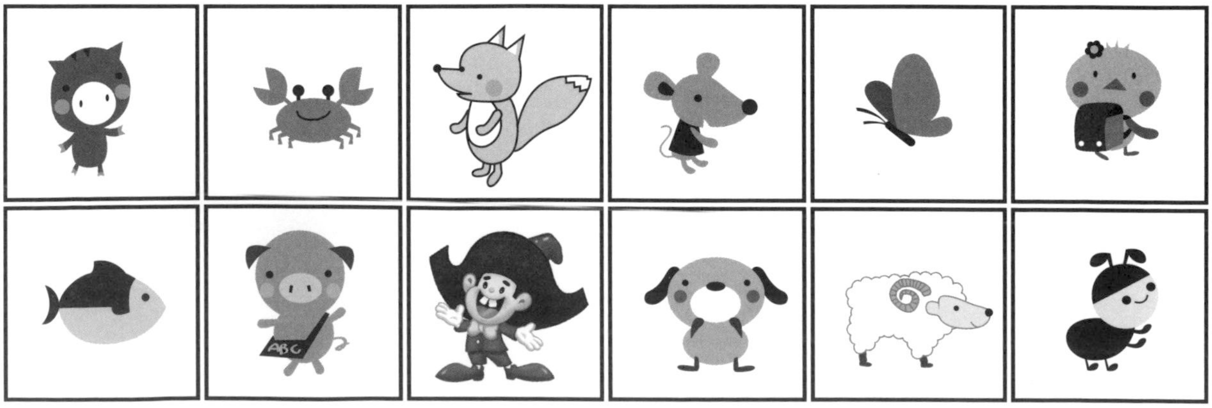

專注力小訣竅

每個圖案都有它的特徵，像是有沒有戴帽子、有沒有翅膀等，讓孩子先針對一個特徵來搜尋，將有助於孩子學習以有效率的方式找到圖案，同時也可以教導孩子平時如何觀察細節，幫助孩子觀察力的提升。

遊戲難度：★

拼圖找一找

02

請找出下面方格裡的圖形所代表的號碼。

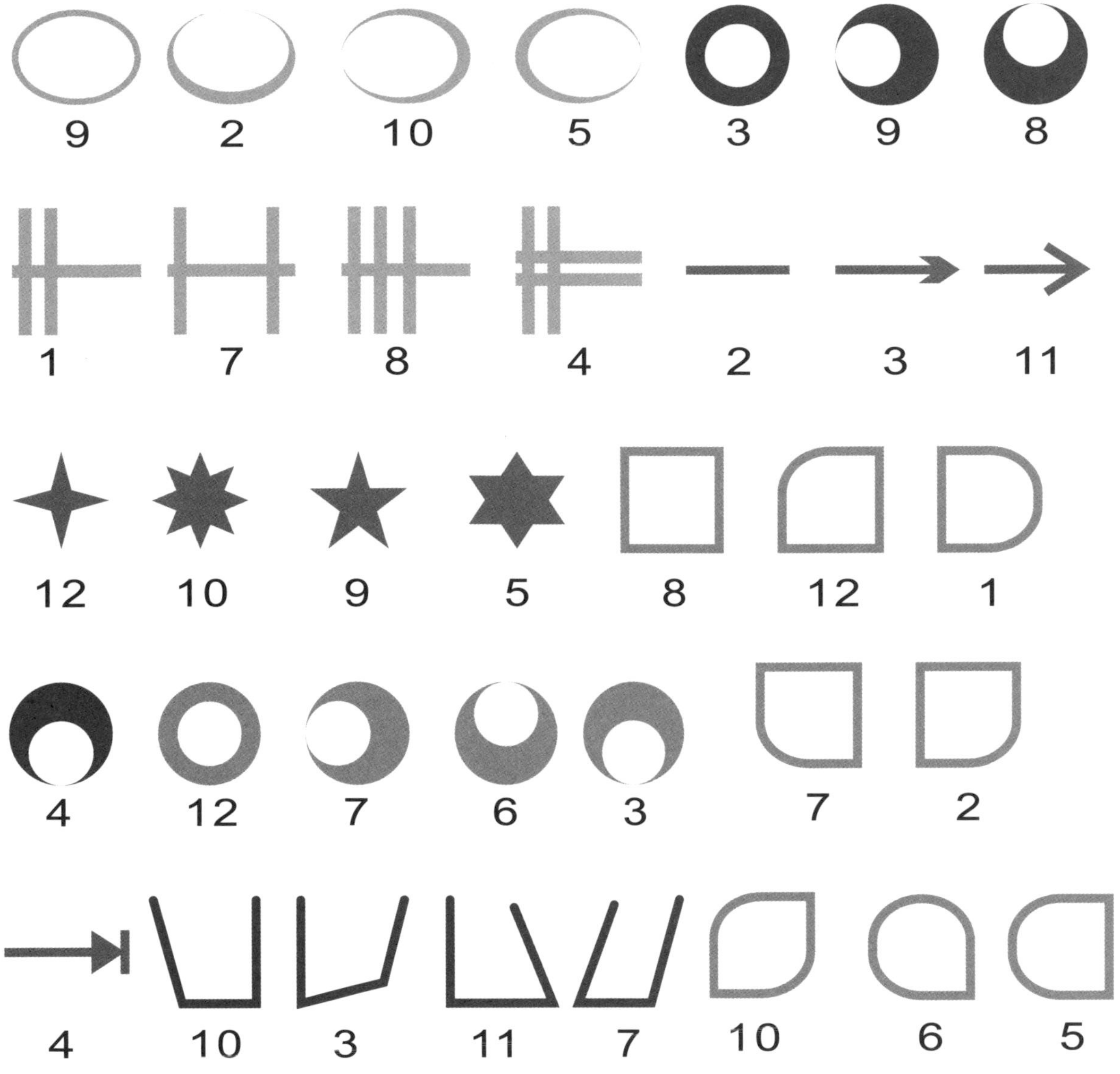

遊戲難度：★

Q 1	R 8	P 9	E 3	F 10
P 2	O 5	R 4	P 9	F 1
G 12	Q 11	C 11	R 2	E 12
G 6	C 10	O 5	E 6	Q 3
O 8	F 7	G 4	C 7	

03

請找出下面方格裡的圖形所代表的號碼。

P	C	P	G	O	G
Q	E	R	Q	O	C

專注力小訣竅

面對特定文字或可命名的形狀時，不需告訴孩子文字的唸法或形狀的名稱，因為我們並不是在教文字或數學。孩子能夠用自己的方式把圖形或文字記起來，這樣的過程才是專注力的訓練。

04

請找出下面方格裡的圖形所代表的號碼。

遊戲難度：★

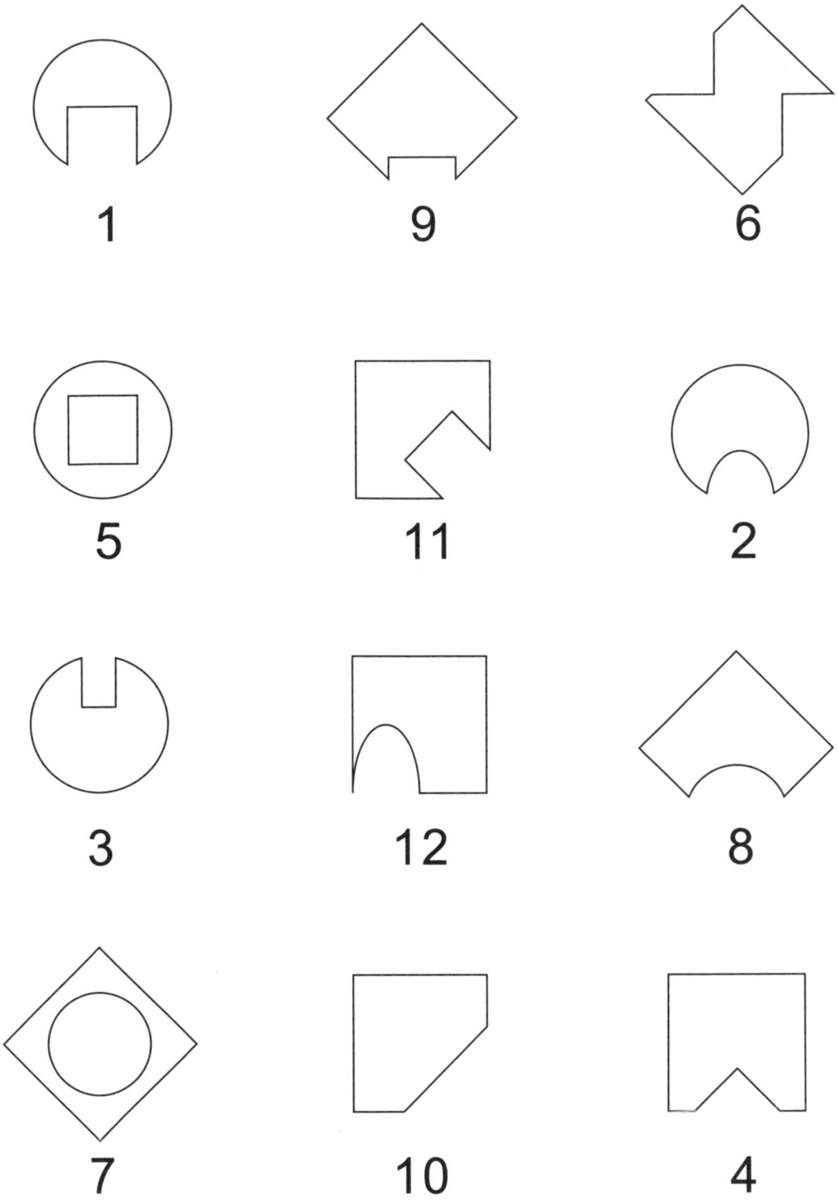

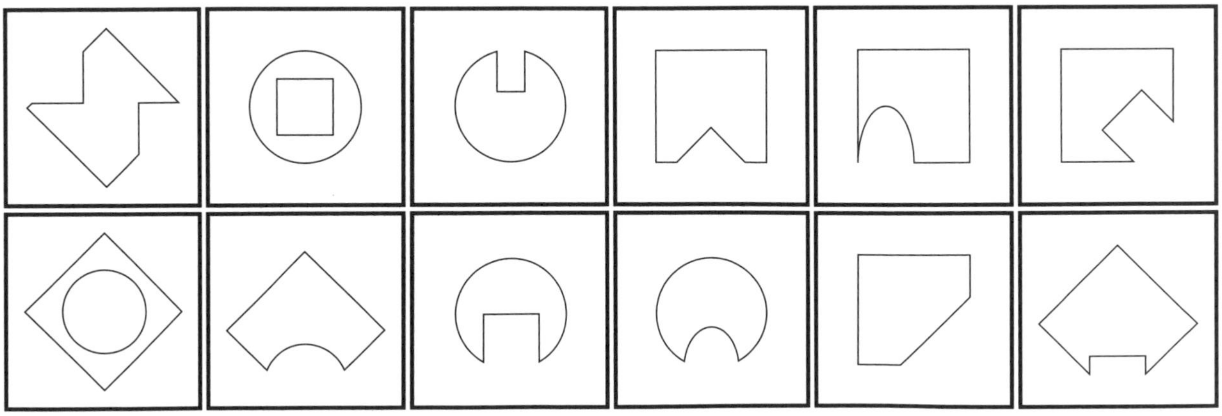

遊戲難度：★★

05

請找出下面方格裡的圖形所代表的號碼。

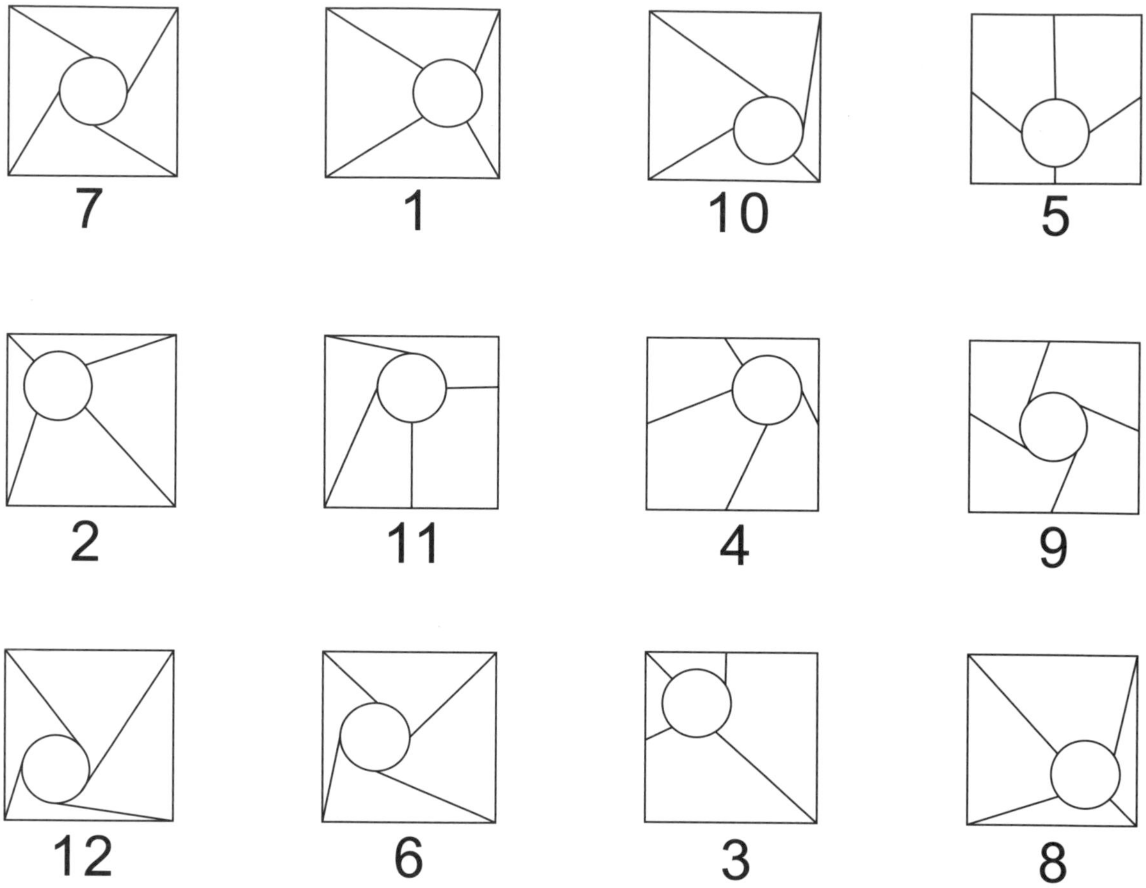

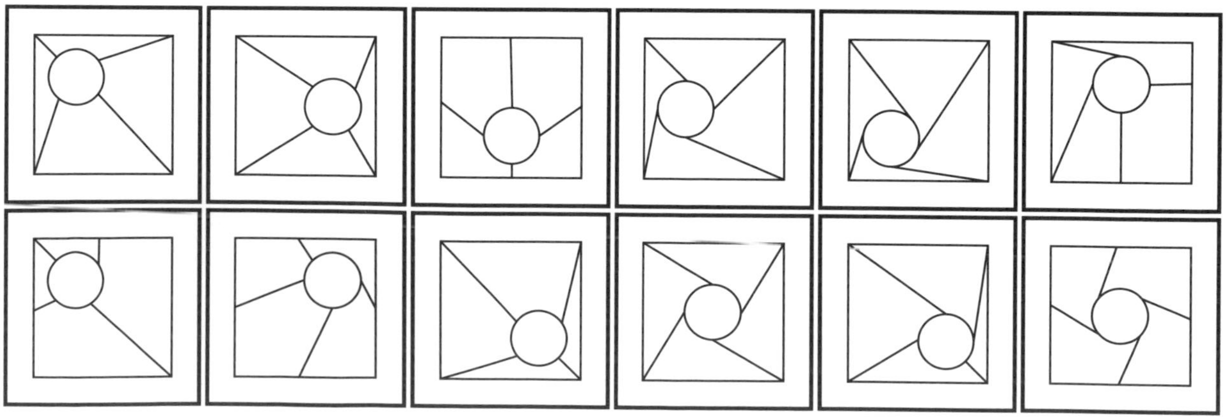

遊戲難度：★★

06

請找出下面方格裡的圖形所代表的號碼。

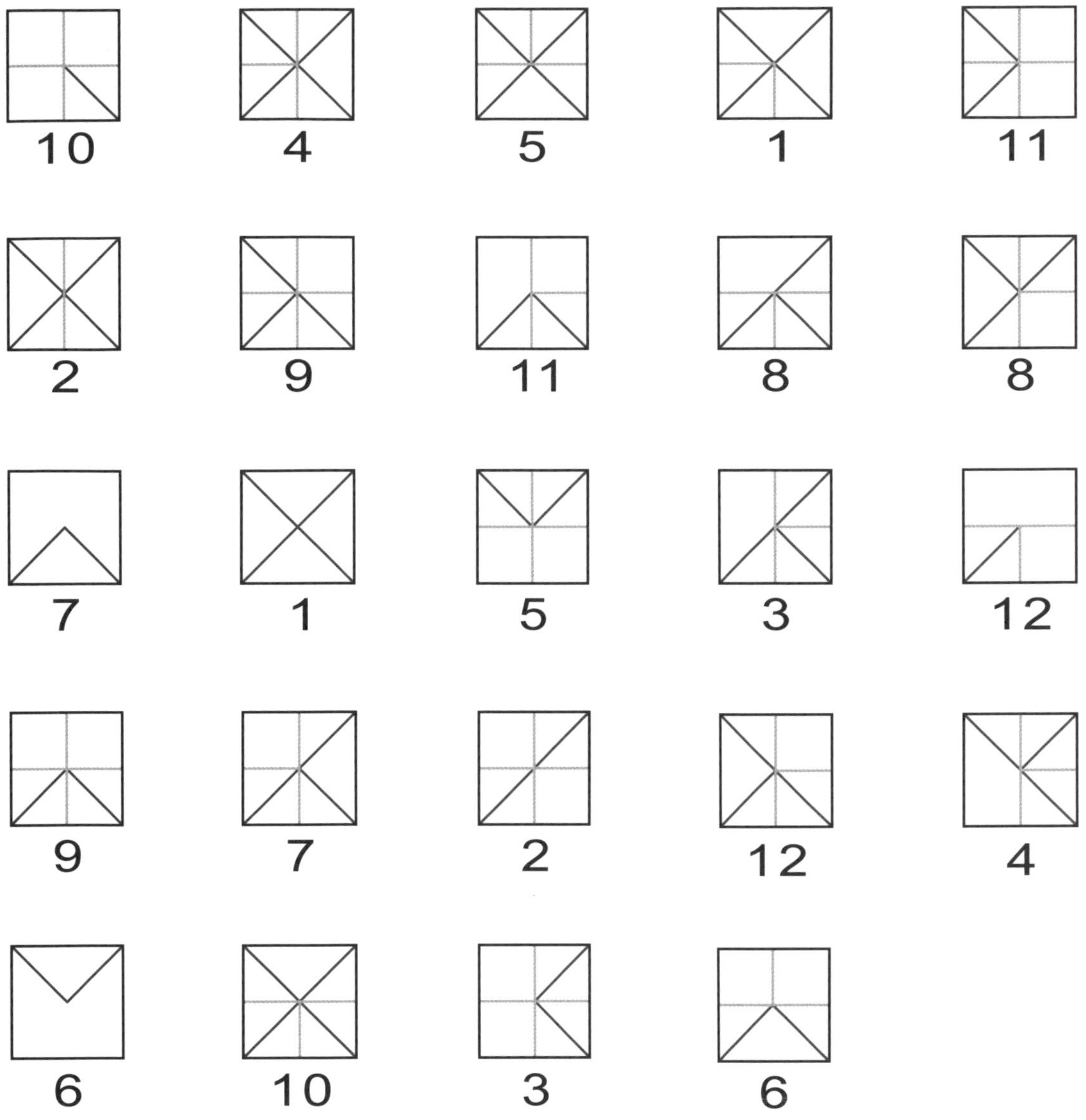

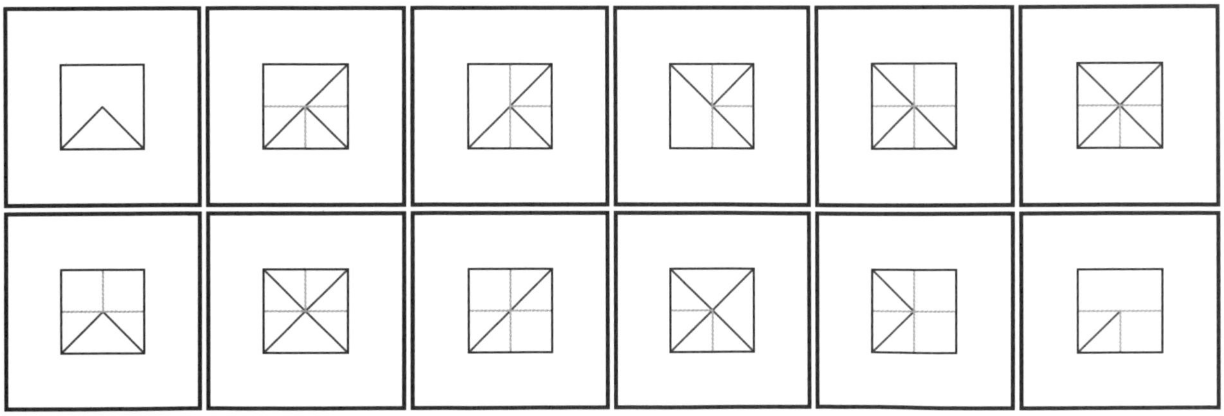

專注力小訣竅

面對一連串類似的圖案，除了讓孩子先根據一個特徵來搜尋外，更可以把不符合特徵的圖案暫時遮起來，接著再根據第二個特徵來搜尋，這樣能幫助孩子學會如何抽絲剝繭，以更快的效率提升專注力表現。

07

請找出下面方格裡的圖形所代表的號碼。

遊戲難度：★★

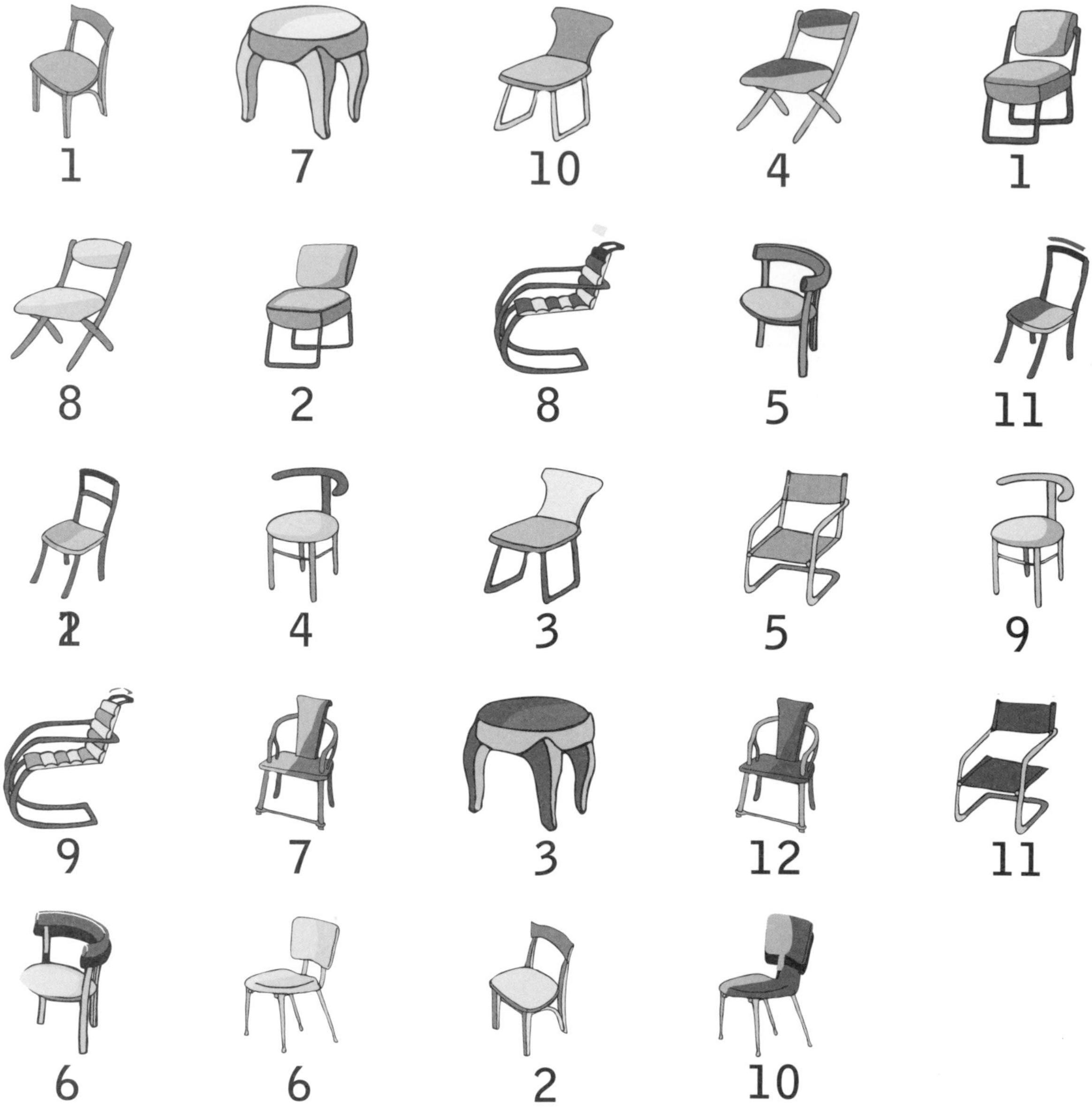

遊戲難度：★★

08

請找出下面方格裡的圖形所代表的號碼。

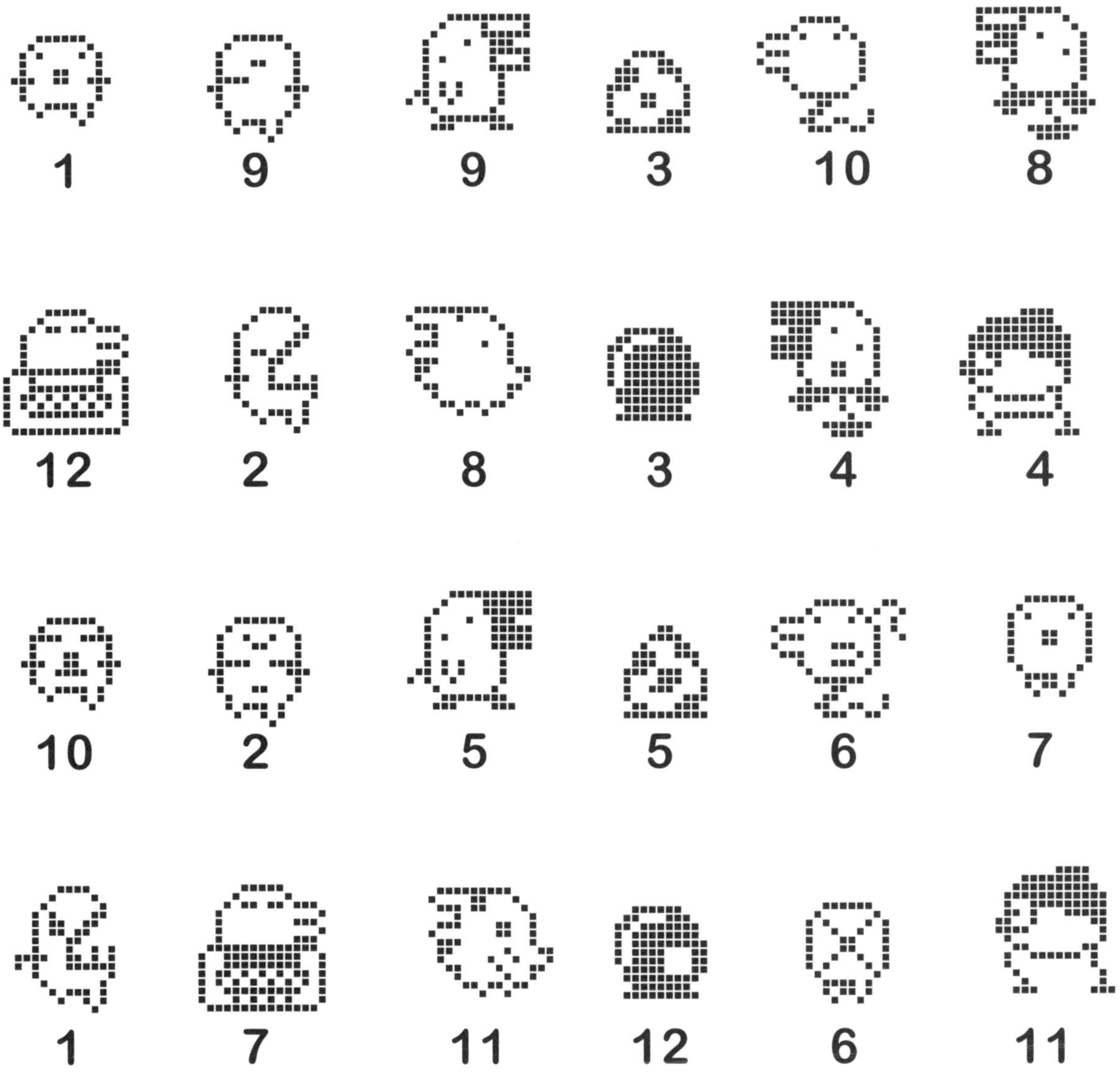

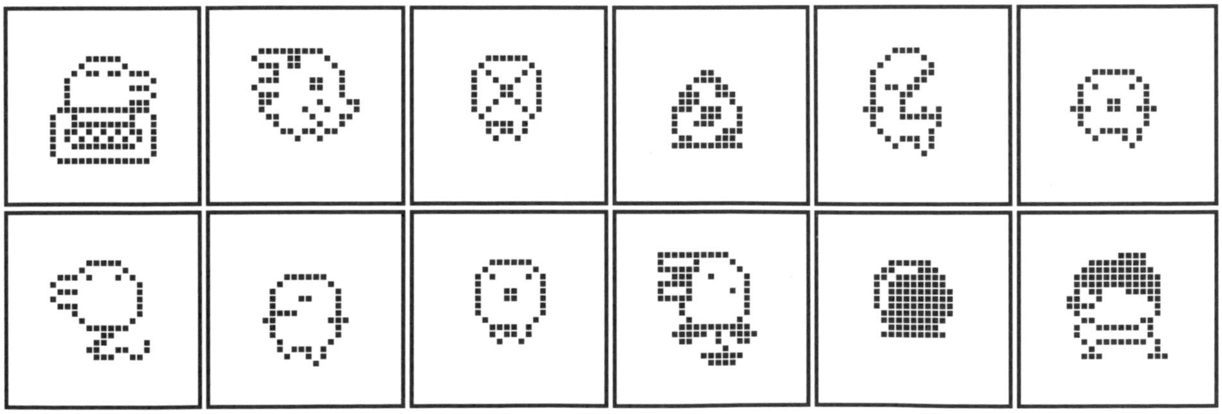

專注力小訣竅

當孩子輕易地找出圖案時，不妨問問孩子是如何找到的！當孩子描述尋找的過程或是特徵時，也是讓孩子重複尋找的大腦歷程，不僅讓孩子的大腦運作更為有效率，也可協助孩子觀察更深入。

09

請找出下面方格裡的圖形所代表的號碼。

遊戲難度：★★★

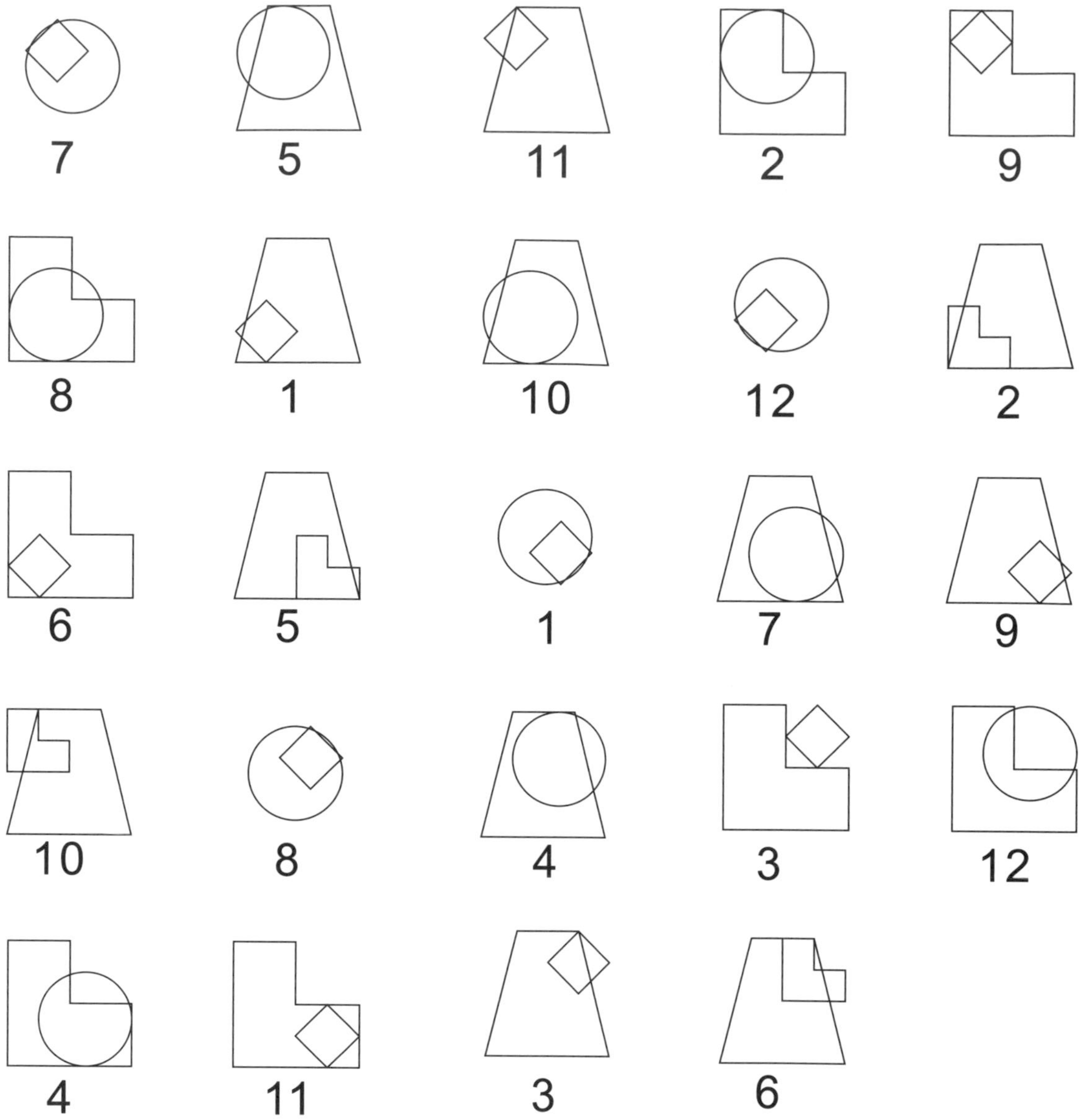

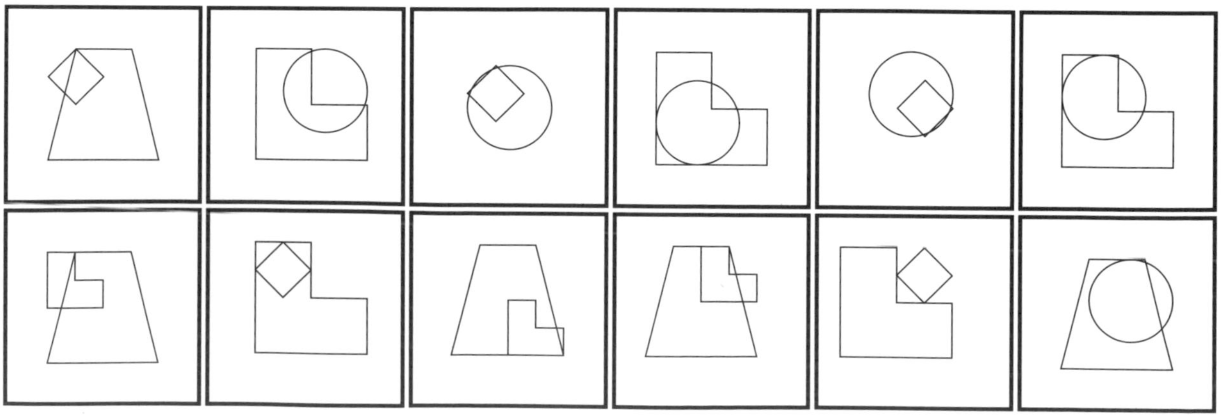

遊戲難度：★★★

10

請找出下面方格裡的圖形所代表的號碼。

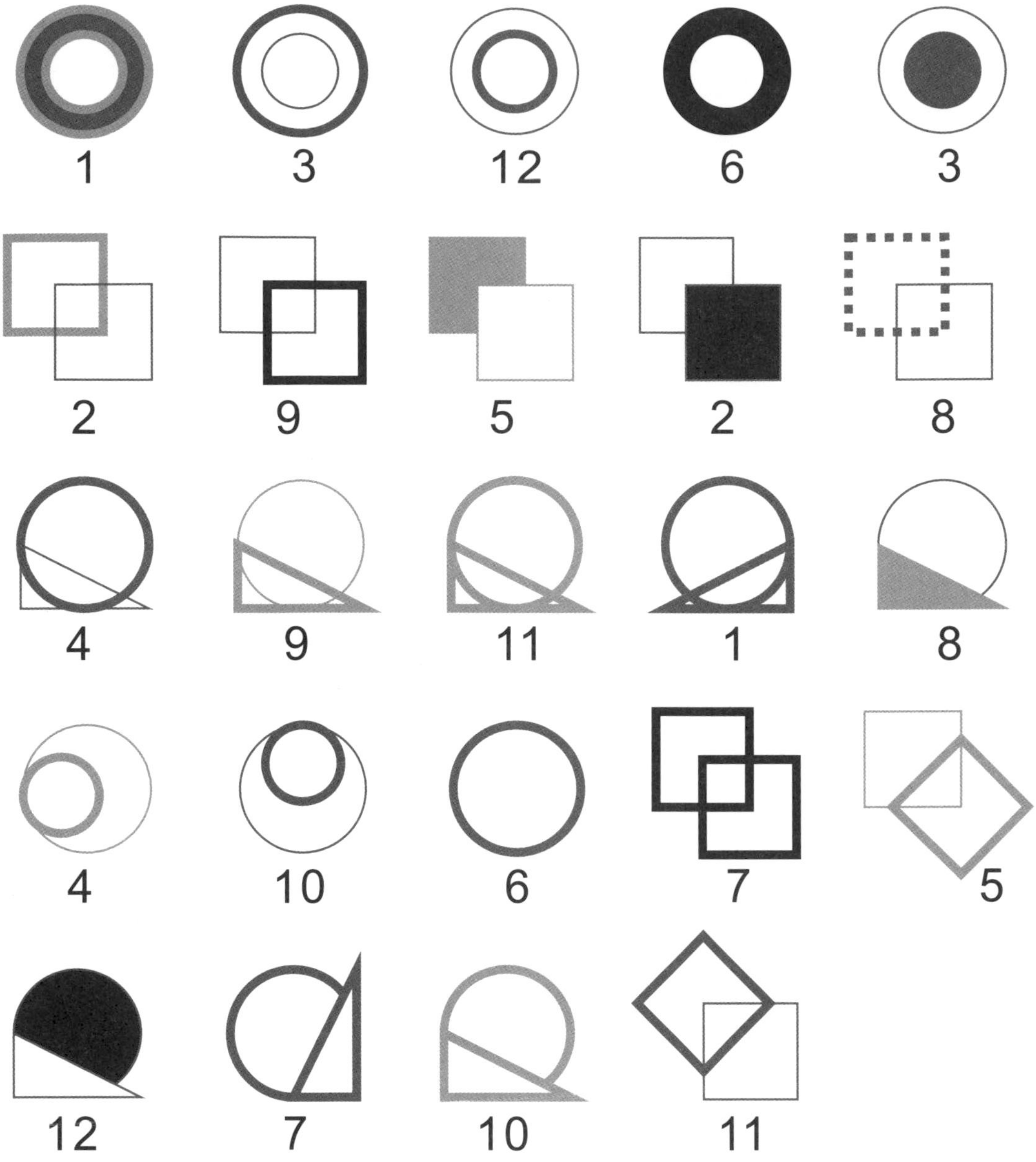

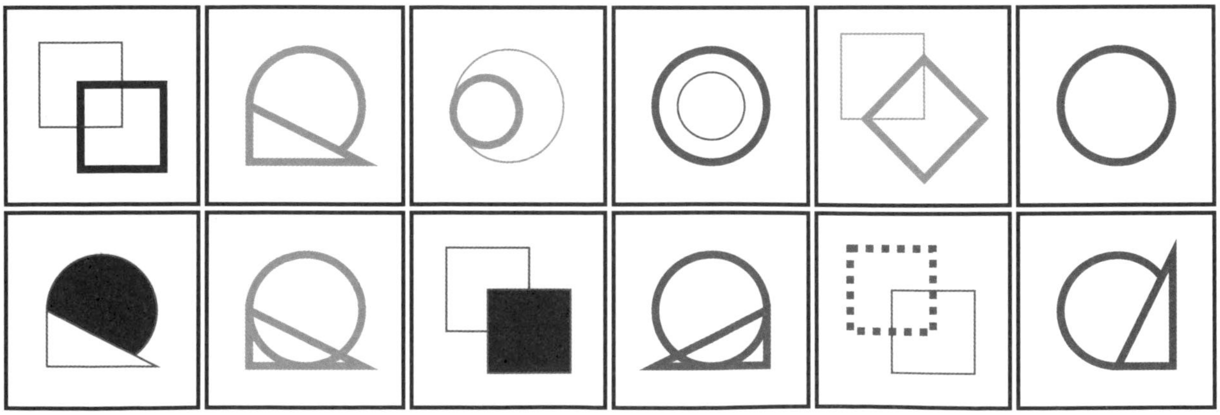

專注力小訣竅

孩子會因為同時看到許多類似的圖案而失去參與遊戲的動機，因此可以將答案選擇的區域的第二行先用紙遮住，僅露出第一行，當第一行找完而沒有找到答案時，再打開第二行，這是教導孩子視覺搜尋的最佳策略。

遊戲難度：★★★

拼圖找一找

11

請找出下面方格裡的圖形所代表的號碼。

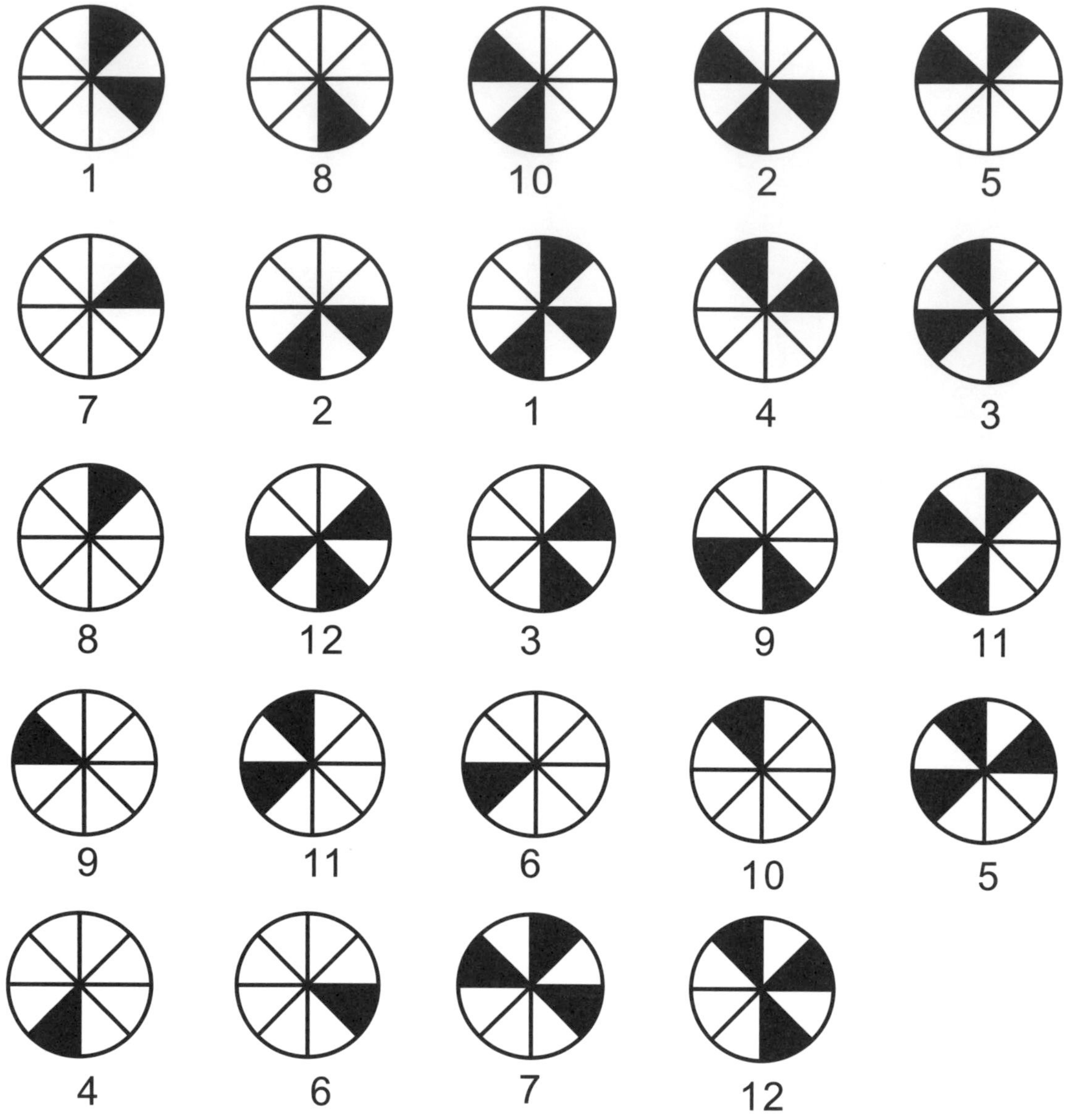

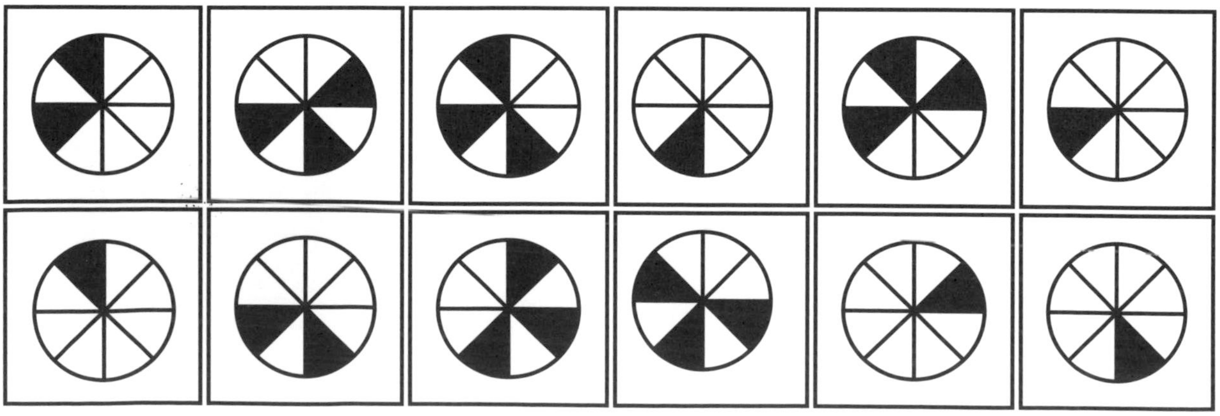

遊戲難度：★★★

12

請找出下面方格裡的圖形所代表的號碼。

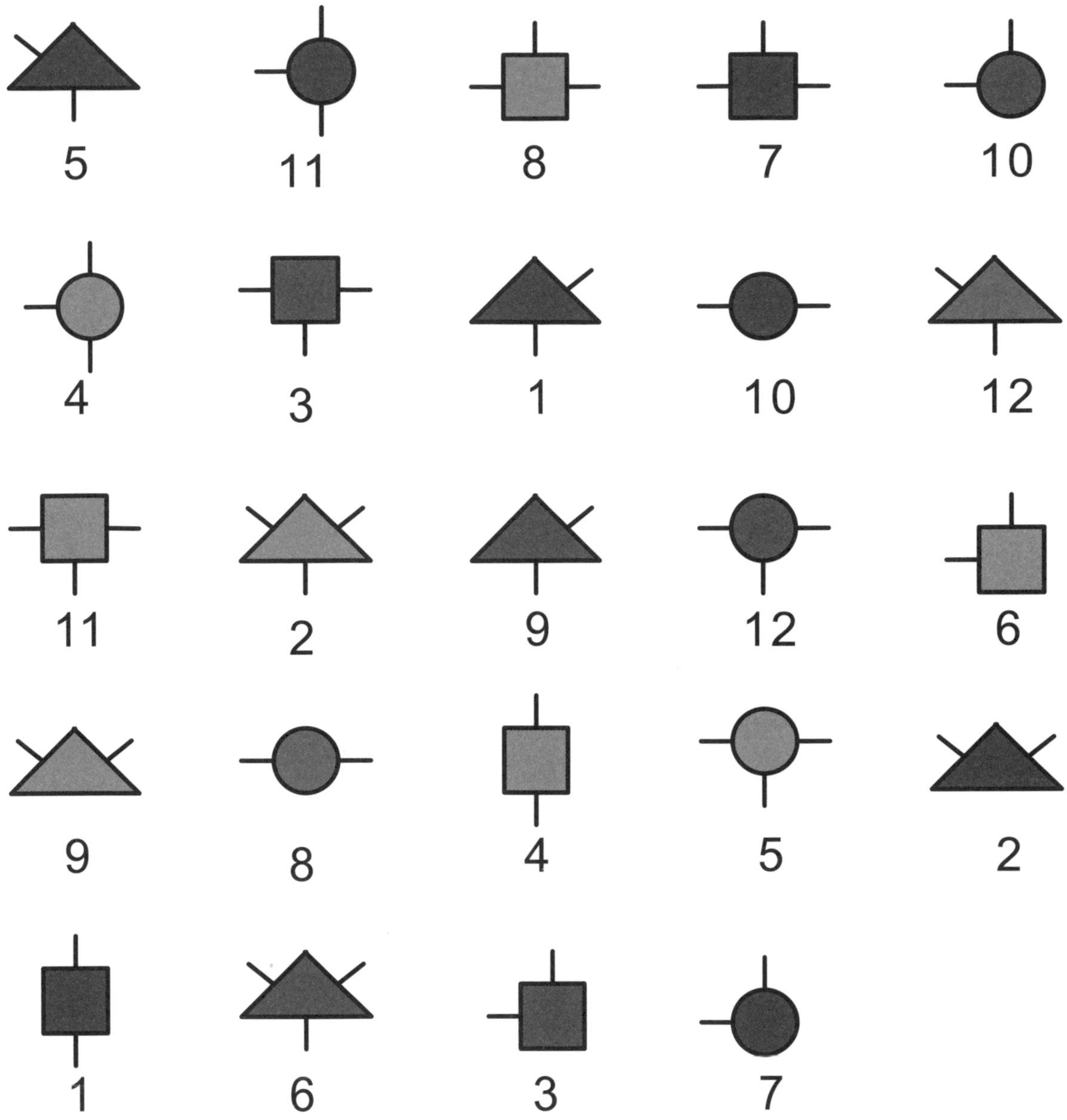

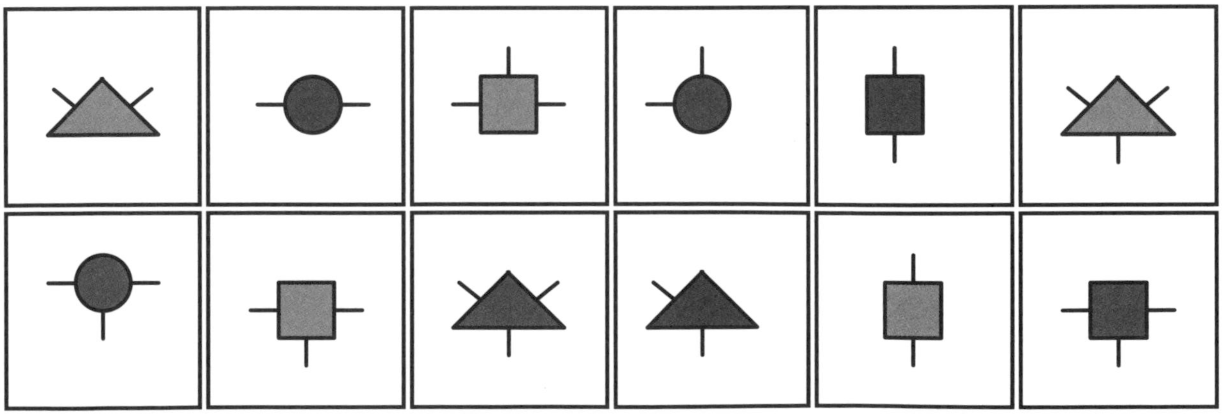

專注力小訣竅

已經找到的答案就用黑色奇異筆畫掉吧！反正不會再需要了，也可以讓孩子不用每次都辨識這個圖案，而且在視覺搜尋的過程中，轉換用奇異筆著色，也可以訓練孩子「分離性專注力」的能力，也就是注意力轉移後能夠再回來的能力。

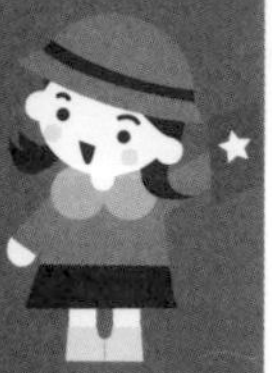

13

請找出下面方格裡的圖形所代表的號碼。

遊戲難度：★★★

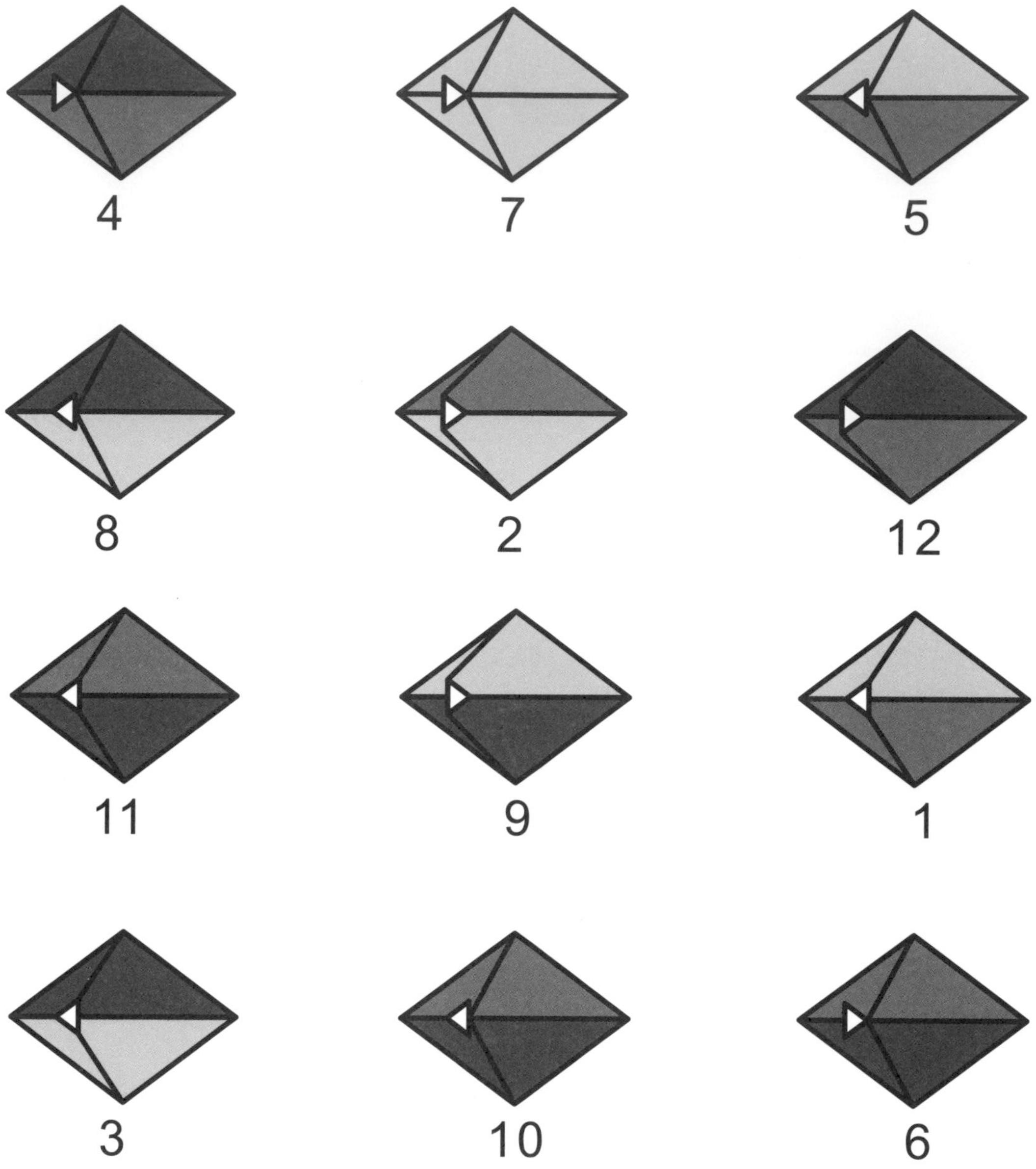

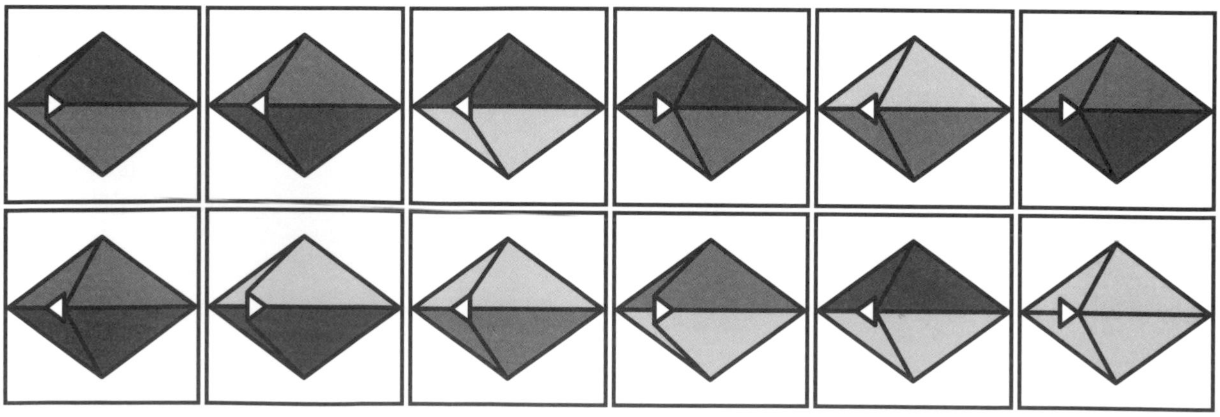

遊戲難度：★★★

14

請找出下面方格裡的圖形所代表的號碼。

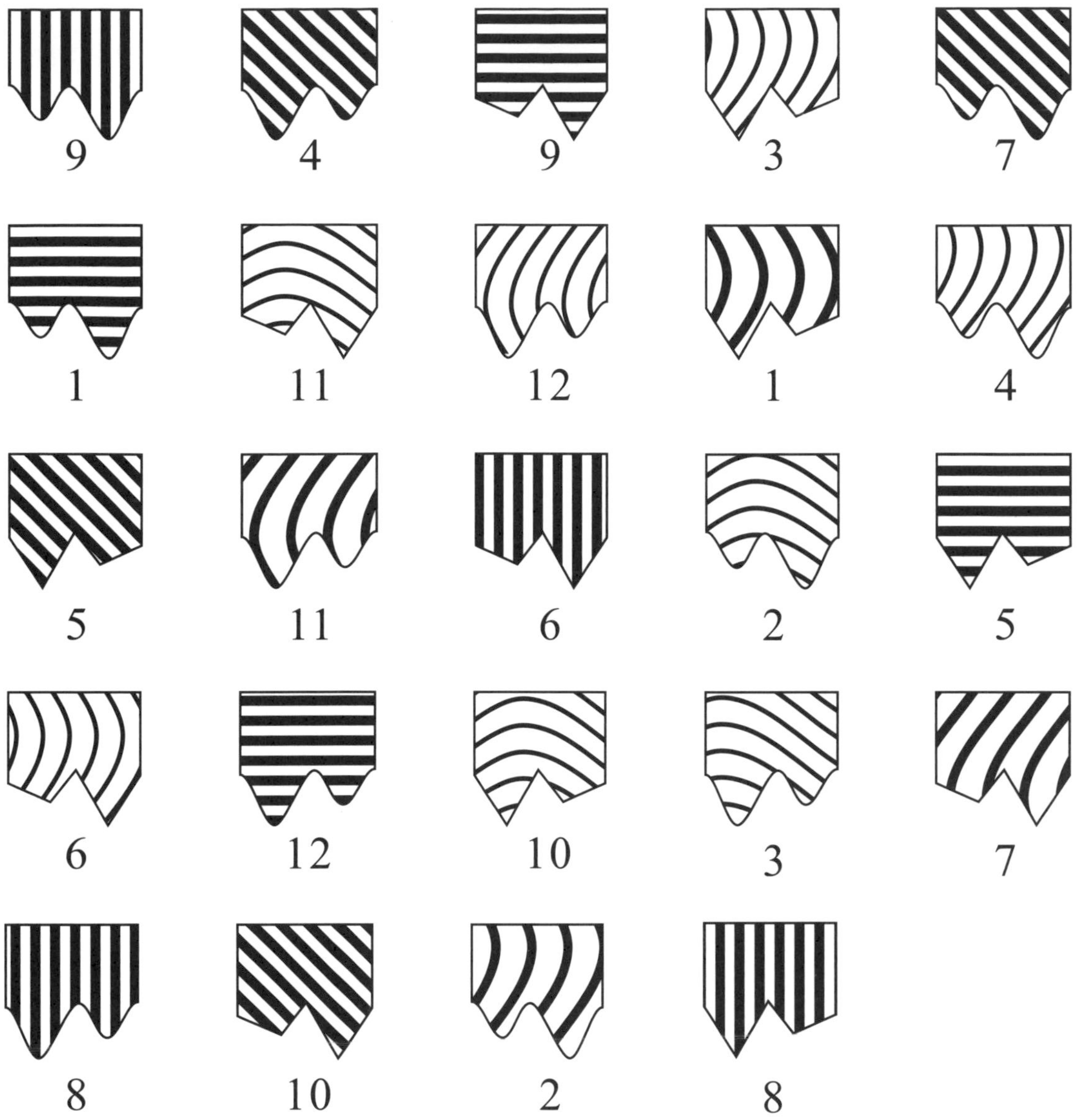

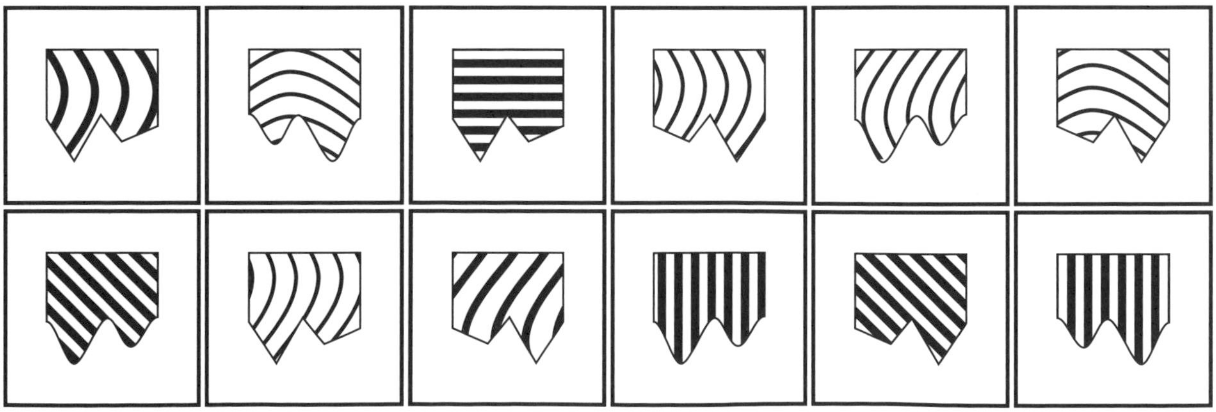

專注力小訣竅

如果孩子找答案的時間太長，您也可以將遊戲複印下來，並將下方題目圖案裁剪下來，接著一個一個與上方遊戲圖案比對，這將有助於孩子視覺區辨能力的練習，也可以協助孩子更容易找到答案。

拼圖找一找

15

請找出下面方格裡的圖形所代表的號碼。

遊戲難度：★★★★

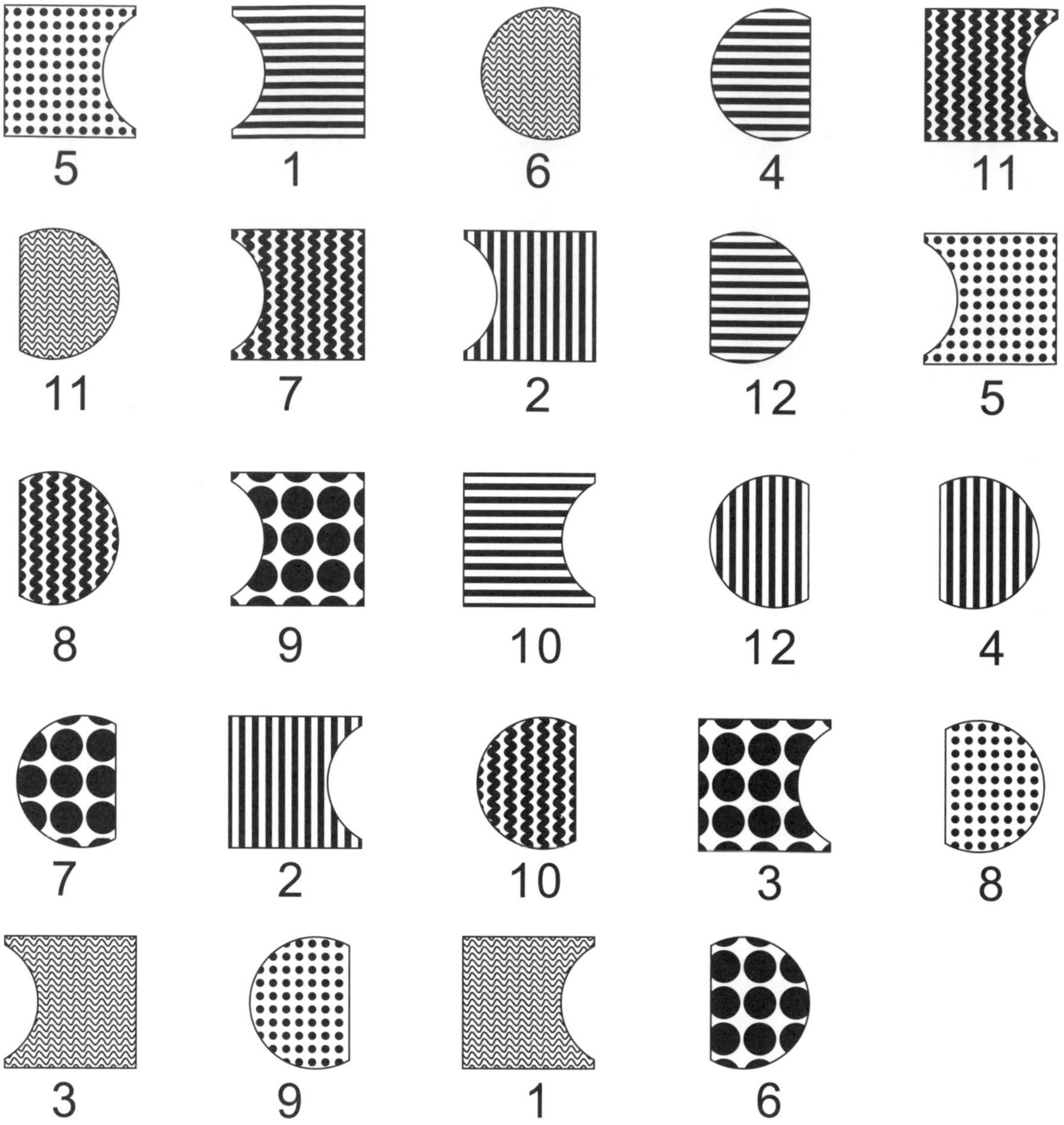

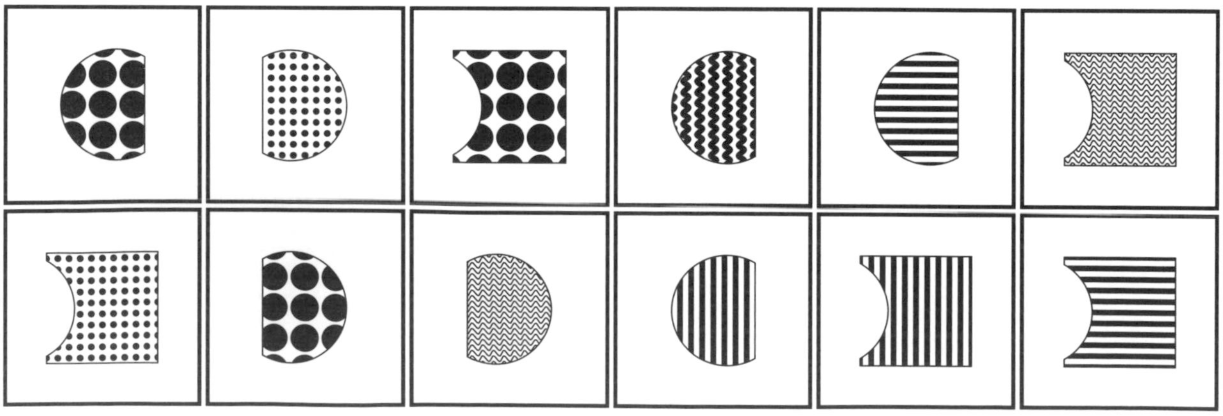

遊戲難度：★★★★

16

請找出下面方格裡的圖形所代表的號碼。

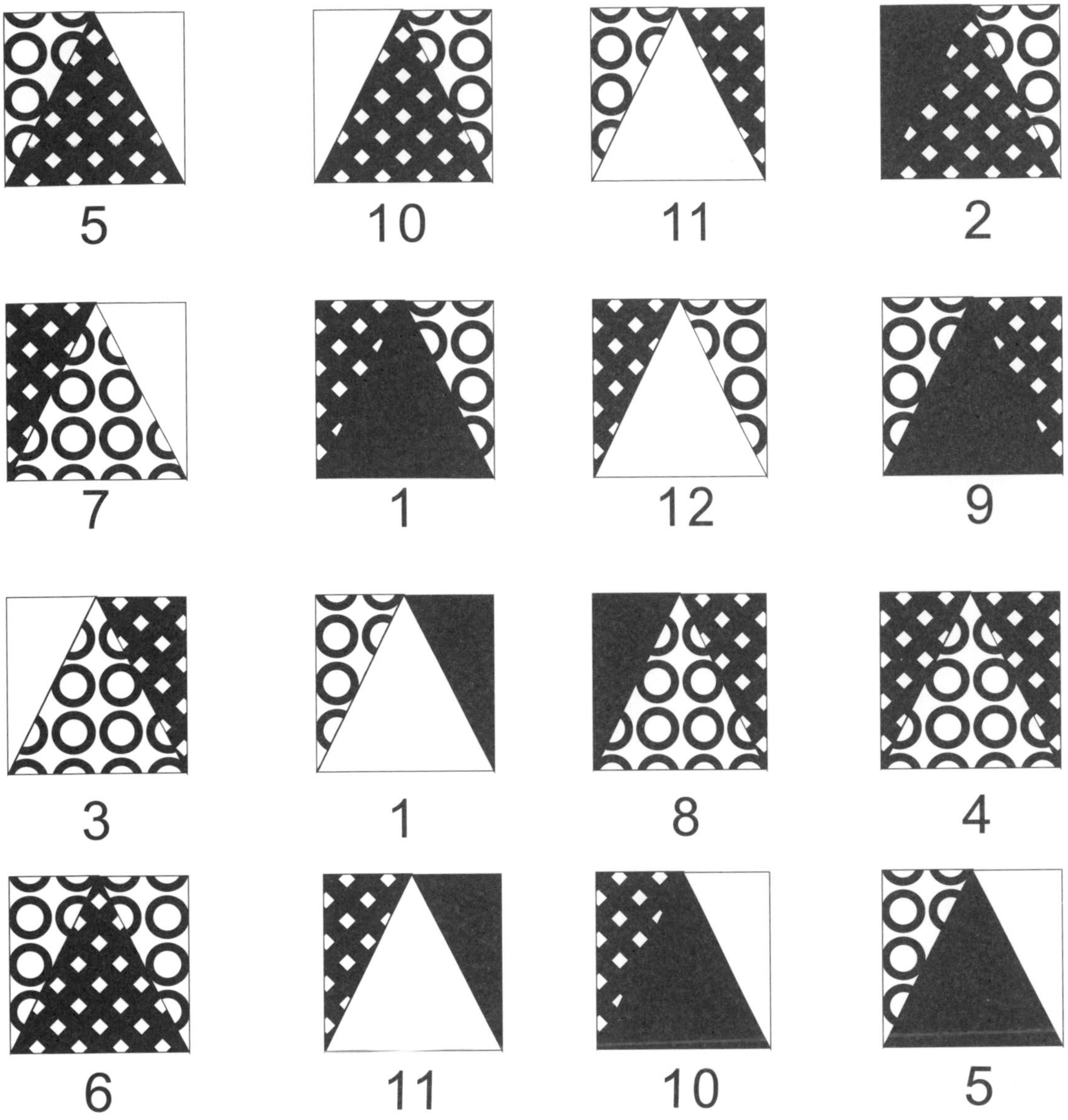

專注力小訣竅

將相同圖案的圖塗上相同的顏色，例如，直線條塗黃色、圈圈塗藍色、叉叉塗綠色等，著色的過程其實也是專注力的訓練，而且可加強孩子對色彩的敏感度。

拼圖找一找

17

請找出下面方格裡的圖形所代表的號碼。

遊戲難度：★★★★

遊戲難度：★★★★

拼圖找一找

18

請找出下面方格裡的圖形所代表的號碼。

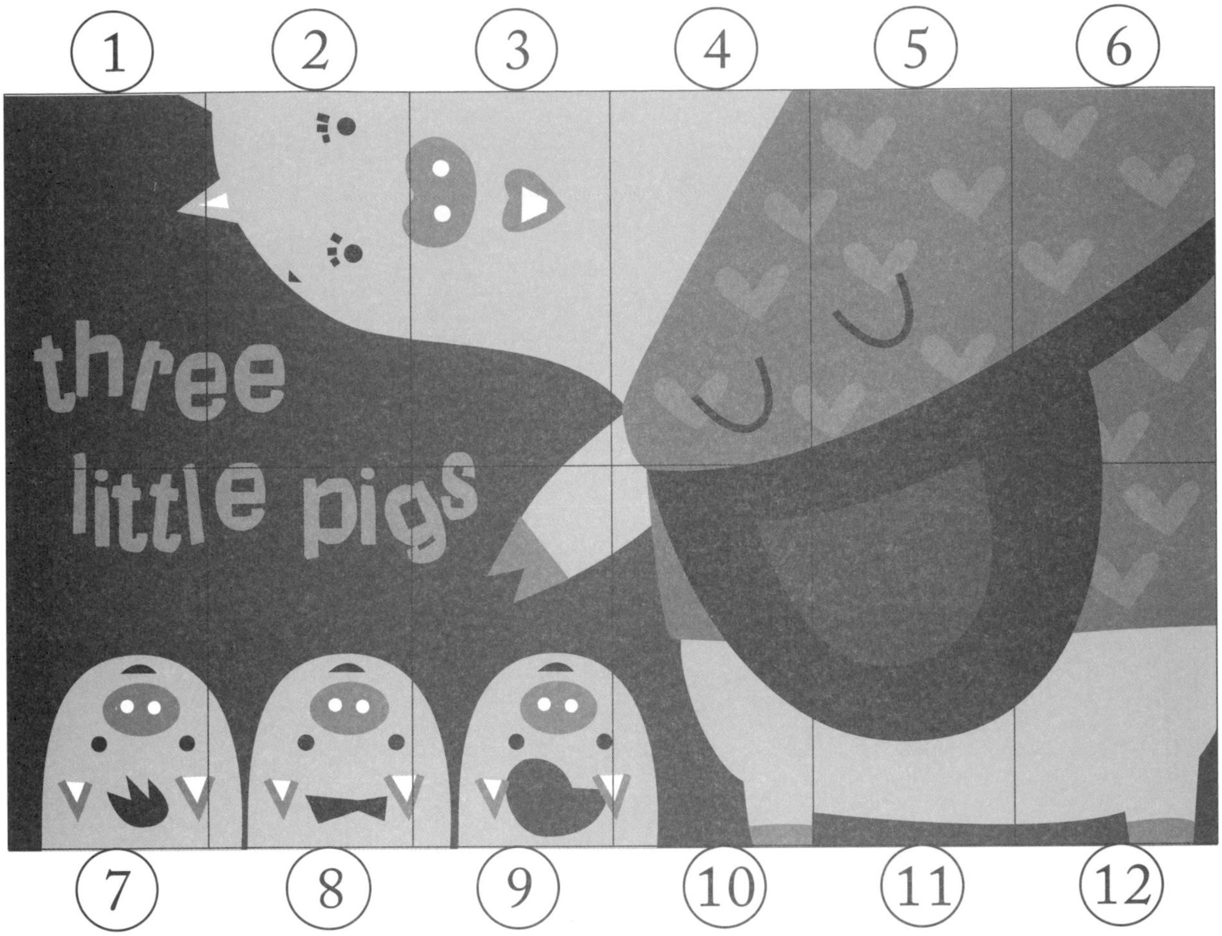

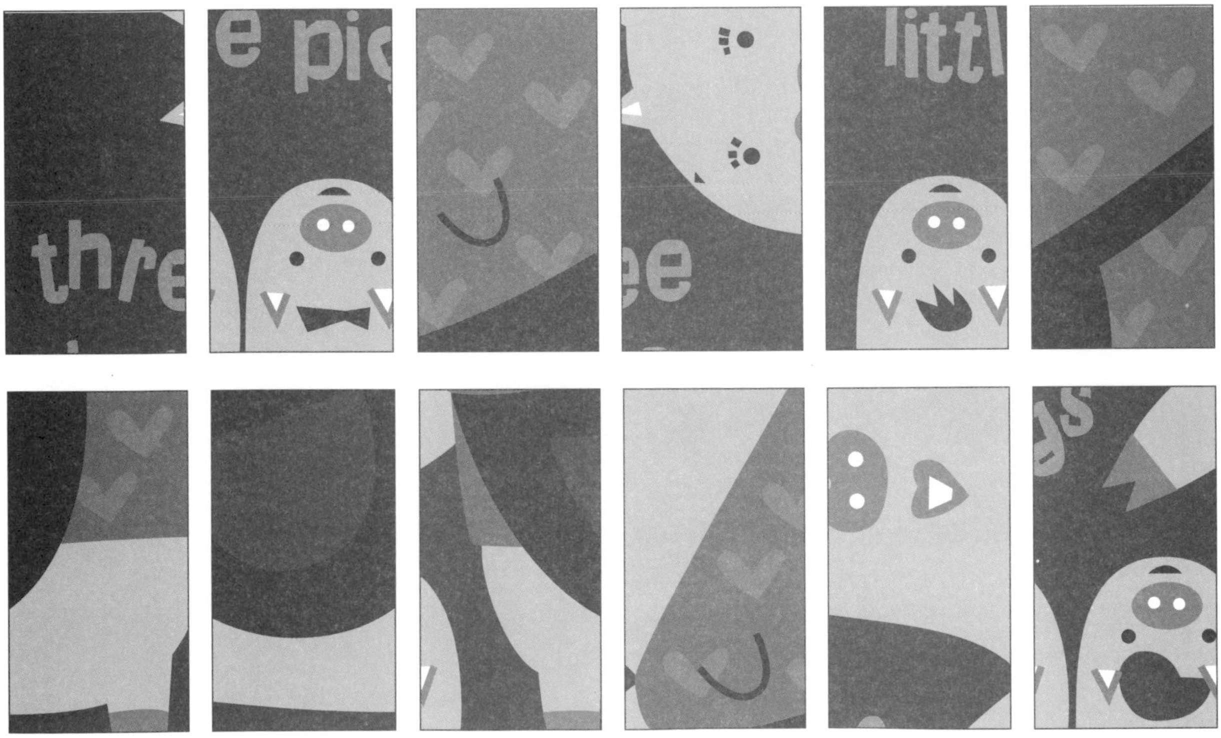

專注力小訣竅

面對相同的圖案，可以加上圖案在方塊中的相對位置來做比較，例如，某個圖案是在方塊的右上角，而另一個相同的圖案則是在方塊的左邊，除了讓孩子容易辨識外，也可以訓練孩子對於方向的反應速度。

遊戲難度：★★★★

19

請找出下面方格裡的圖形所代表的號碼。

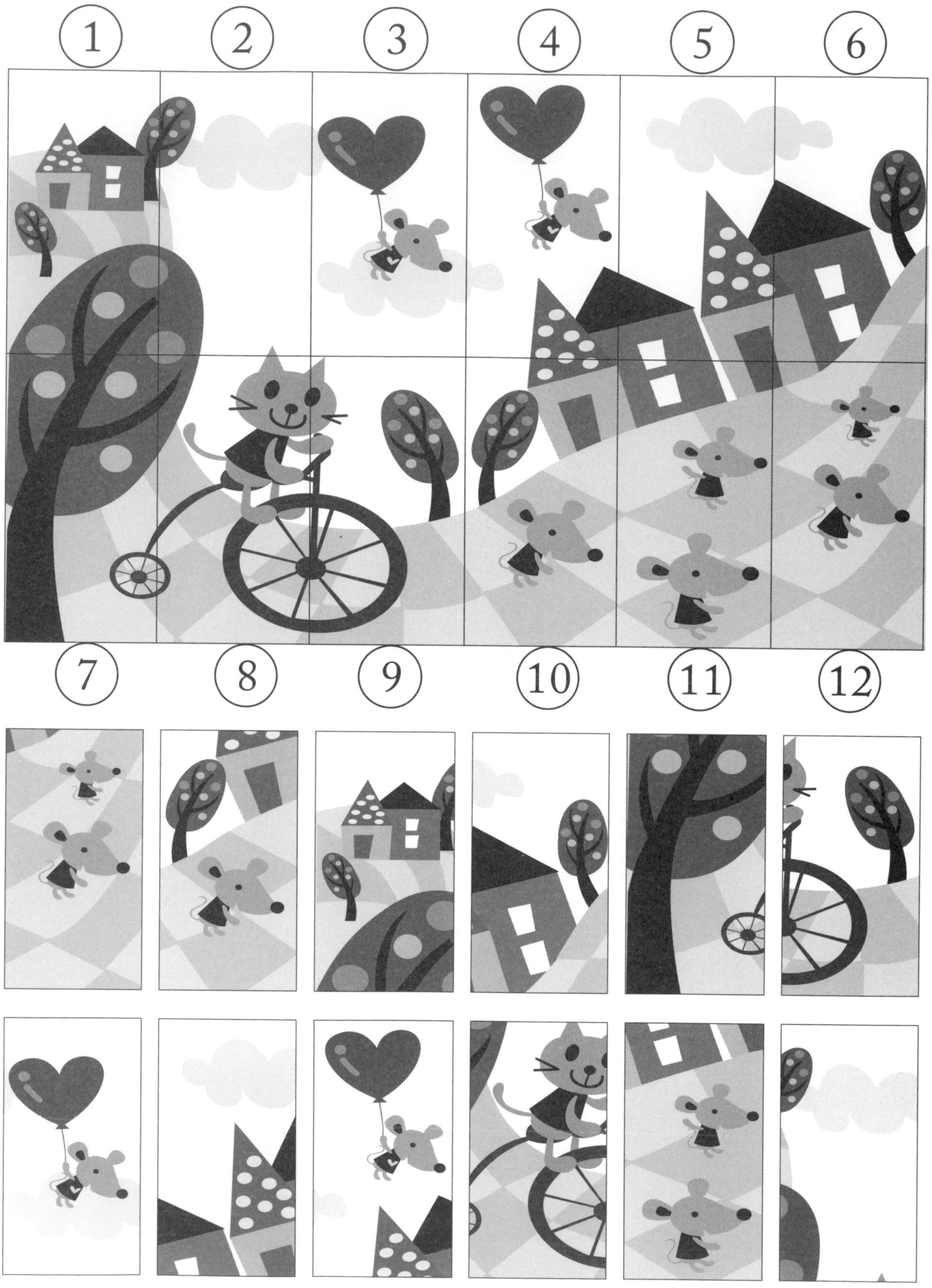

遊戲難度：★★★★★

20

請找出下面方格裡的圖形所代表的號碼。

① ② ③ ④ ⑤ ⑥

⑦ ⑧ ⑨ ⑩ ⑪ ⑫

專注力小訣竅

看到複雜的圖案，孩子常常無法明確分辨答案，所以爸媽可以協助將方塊線條畫粗，以協助孩子做好每個區塊內容的辨別，並且能夠更專心於尋找答案。

遊戲難度：★★★★★

拼圖找一找

21

請找出下面方格裡的圖形所代表的號碼。

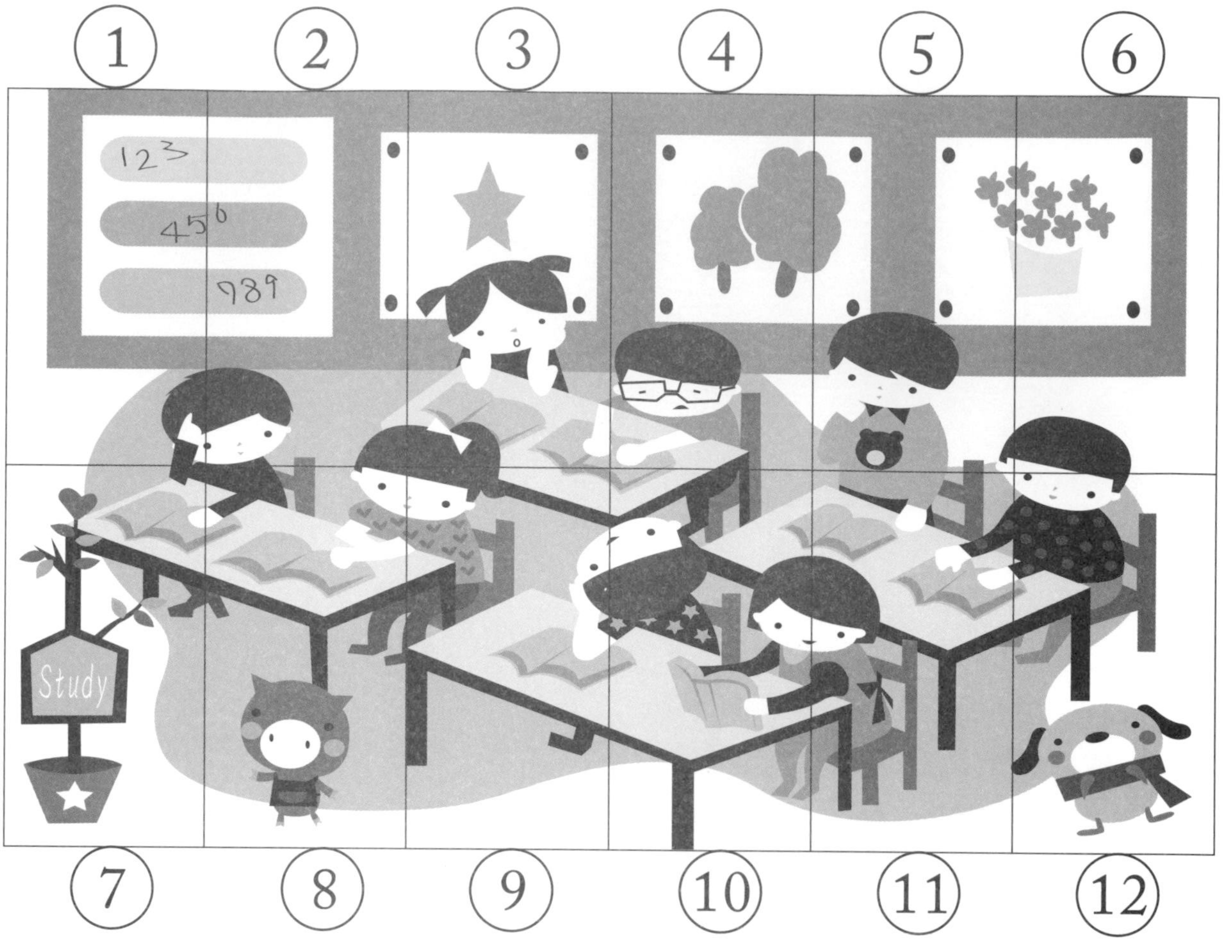

22

請找出下面方格裡的圖形所代表的號碼。

遊戲難度：★★★★★

① ② ③ ④ ⑤ ⑥

⑦ ⑧ ⑨ ⑩ ⑪ ⑫

專注力小訣竅

鼓勵孩子把答案的順序記起來，而不是把答案寫下來，這雖然有點強迫孩子記憶，但是記憶力越是提升，孩子的視覺專注力越是進步。一開始可以不用讓孩子把所有答案都記住，可以從三個答案開始，當孩子找到三個答案後，就可以對一次答案。

拼圖找一找

23

請找出下面方格裡的圖形所代表的號碼。

遊戲難度：★★★★★

① ② ③ ④ ⑤ ⑥

⑦ ⑧ ⑨ ⑩ ⑪ ⑫

遊戲難度：★★★★★

24

請找出下面方格裡的圖形所代表的號碼。

還可以這樣玩

這個遊戲的實際運用就是拼圖，您可以將本單元影印後，將下面的拼圖都剪下來，最好將解答圖放大與實際拼圖大小一樣，這樣可以幫助孩子做好圖案的比對，也可以提升孩子參與拼圖的動機，增加拼圖時的耐心。您可以依孩子的程度加上拼圖的數量，如二個題目混在一起，讓孩子一次練習拼 30 片的拼圖。

25

請找出下面方格裡的圖形所代表的號碼。

遊戲難度：★★★★★

① ② ③ ④ ⑤ ⑥

⑦ ⑧ ⑨ ⑩ ⑪ ⑫

PART 5 編碼遊戲

寫給家長的話

可以玩出什麼能力？

「編碼遊戲」是利用圖案、文字、及符號的互換，讓孩子在這過程中訓練觀察力、反應力及記憶能力，但這些能力提升之後，作答速度及正確率也跟著提升，專注力表現也就跟著品質提高。不論圖案、字母或注音符號，孩子不用眞正了解其名稱或含意，只要能在彼此之間互換即可，例如，知道餅乾代表 B、禮物代表 E 等。

小朋友應該怎麼玩？

以往的編碼活動在於個別圖案的解碼，而忽略整體性的練習，加上常使用紙筆練習的方式來訓練專注力，倘若因爲孩子的運筆、握筆能力問題而表現不佳，則可能會被誤認爲「不專心」，這對孩子來說是冤枉的！

因此排除因年齡而有不同運筆表現的因素後，不妨讓孩子利用視覺掃描（眼睛看）或手指點數的方式，找出目標所代表的符號或文字，然後數一數有幾個。從孩子進行遊戲的時間以及正確率，就可以感覺到孩子專注力的進步。

進行這個遊戲的時候，有些孩子會問到「爲什麼小豬是愛心？」「爲什麼骨頭是ㄉ而不是ㄌ？」除了讚賞孩子的觀察力與創意外，可以藉此告訴孩子「遊戲規則」，以及遵守規則的重要性。

當然，也可以引導孩子作出自己的「解碼遊戲」。例如，用喜歡的貼紙或請小朋友自己畫，都是很有趣的作法，還可激發孩子的創意及想像力喔！玩的時候，可以將符號沿對折線折起來，請孩子直接將符號記起來，讓孩子憑記憶找答案。

編碼遊戲

01

請數一數哪個提袋裡的蘋果比較多？

遊戲難度：★

B

E

F

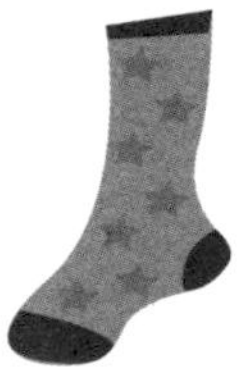
D

P

對折線

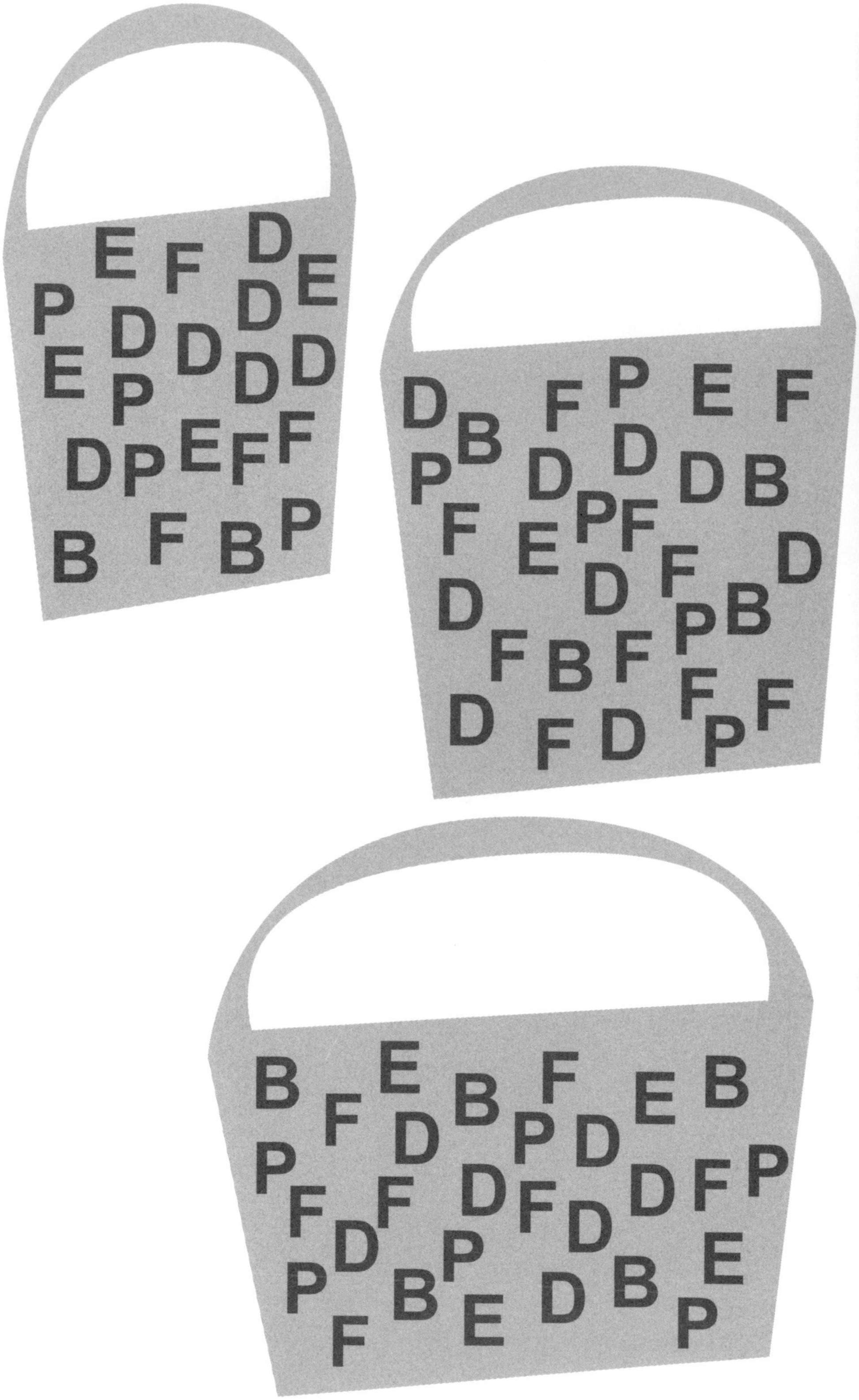

專注力小訣竅

尋找目標分散在三個提袋裡，孩子會不會沒耐心玩？您可以讓孩子一個提袋找完再找另一個，避免他在整張紙上胡亂搜尋，以有效訓練孩子的視覺搜尋能力。

遊戲難度：★

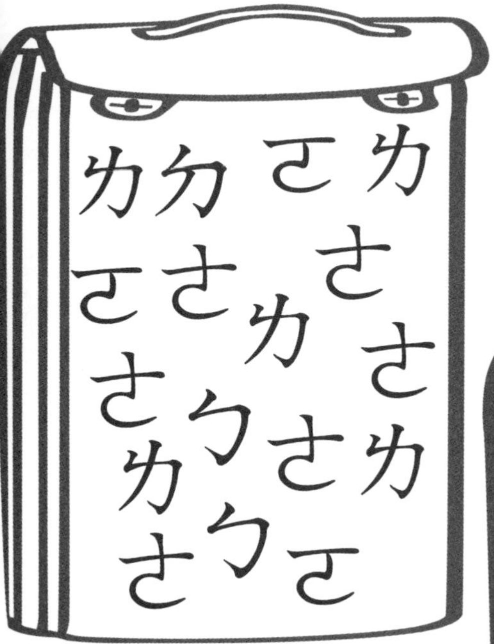

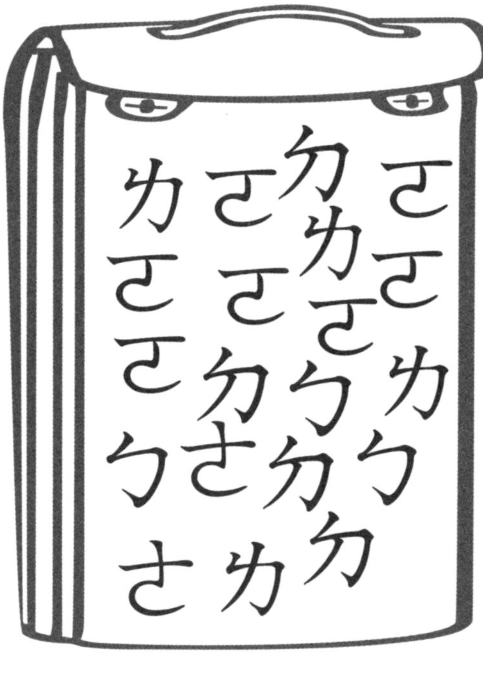

ㄉ

ㄛ

ㄌ

ㄜ

ㄅ

對折線

02

請數一數哪一個書包裡的鉛筆最多？

編碼遊戲

03

聖誕節到了，乖乖要去發禮物囉！
請幫忙數一數哪個袋子裡的禮物最多？

遊戲難度：★

M

N

L

O

Q

對折線

專注力小訣竅

孩子無法了解圖案為什麼等於字母時，您也可以請孩子直接找尋字母，讓孩子先熟悉遊戲流程，玩幾次之後，孩子自然會了解圖案與字母間的連結。

編碼遊戲

04

請數一數哪個圓圈裡的衣服比較多？

遊戲難度：★

ㄆ

ㄤ

ㄝ

ㄞ

ㄡ

ㄞ
ㄤ ㄤ
ㄞ ㄝ ㄡ
ㄝ ㄞ
ㄤ ㄡ ㄞ
ㄞ ㄆ
ㄡ ㄝ ㄞ ㄤ
ㄤ ㄤ ㄡ

ㄆ ㄡ
ㄤ ㄤ ㄝ
ㄡ
ㄆ ㄡ ㄞ ㄞ ㄡ
ㄤ
ㄤ ㄤ ㄡ ㄝ
ㄡ
ㄡ ㄝ ㄡ ㄞ ㄞ ㄆ
ㄡ
ㄡ ㄆ ㄤ ㄆ ㄡ

ㄝ ㄆ ㄝ
ㄤ ㄝ ㄞ ㄤ
ㄆ ㄞ ㄡ ㄝ
ㄝ ㄆ ㄝ
ㄤ ㄡ

對折線

遊戲難度：★★

05 請數一數哪個袋子裡的餅乾比較多？

B

E

R

H

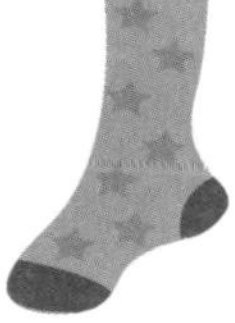

P

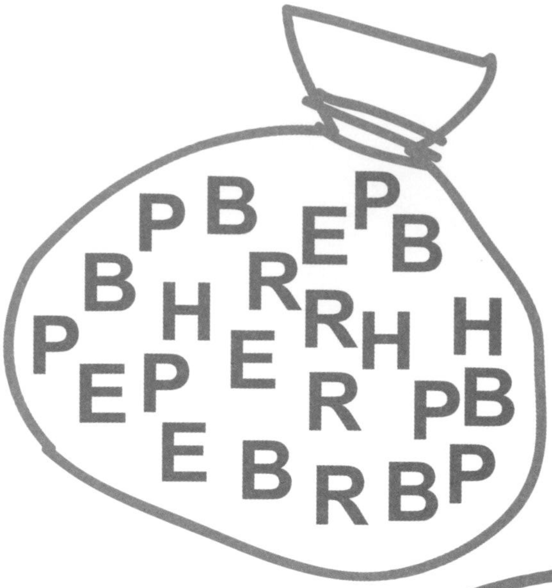

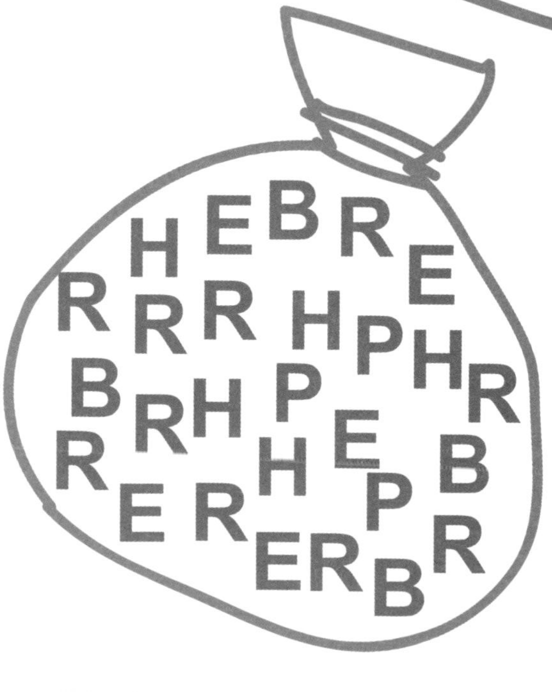

對折線

專注力小訣竅

數完餅乾，也可以請孩子數襪子，然後比較一下哪個多？哪個少？不僅變化不同玩法增加趣味性，還可以提升孩子的觀察力，有助閱讀時找重點。

遊戲難度：★★

06

請數一數哪兩個箱子裡的條紋褲子一樣多？

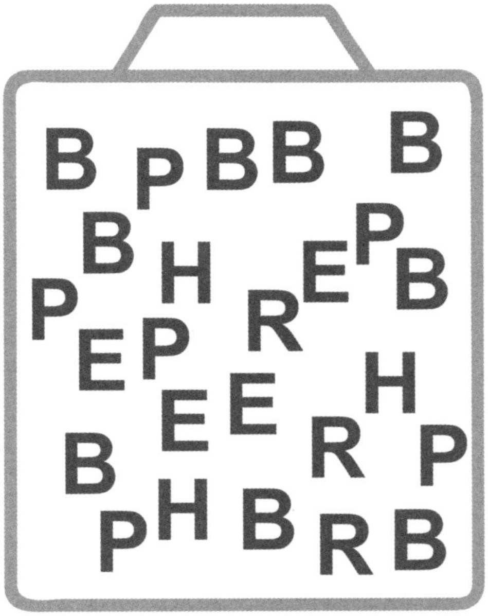

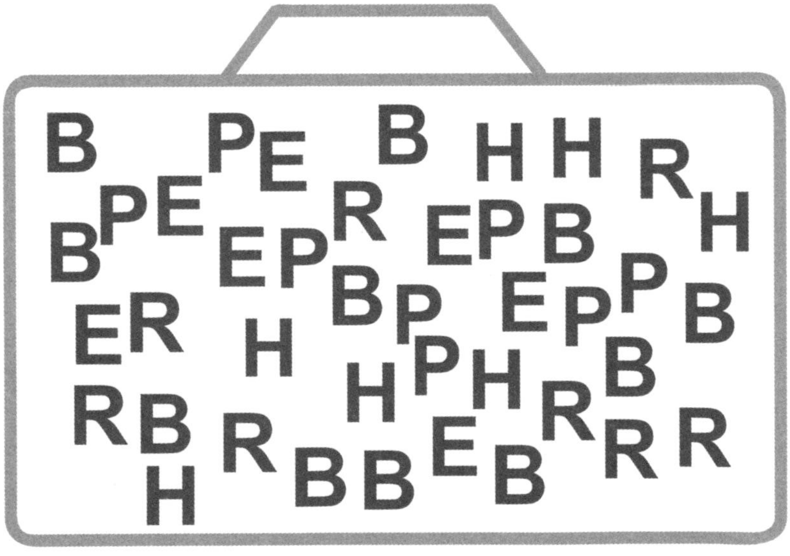

對折線

編碼遊戲

07

請數一數哪個圓圈裡的褲子比較多？

遊戲難度：★★

ㄛ

ㄜ

ㄇ

ㄈ

ㄩ

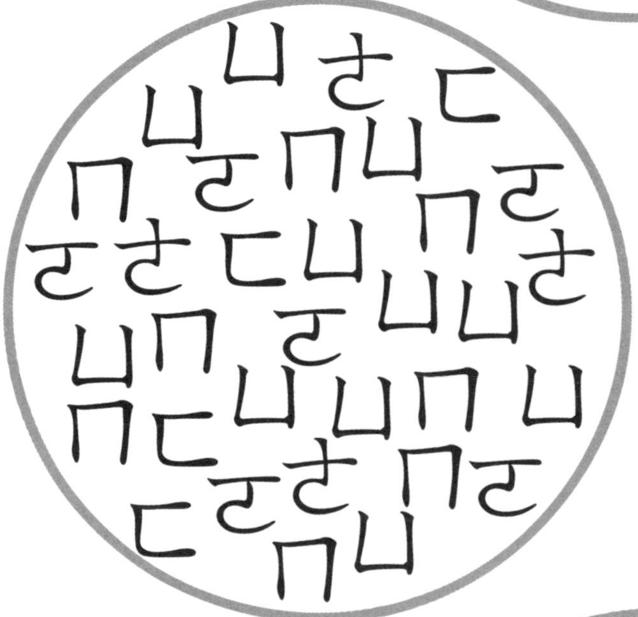

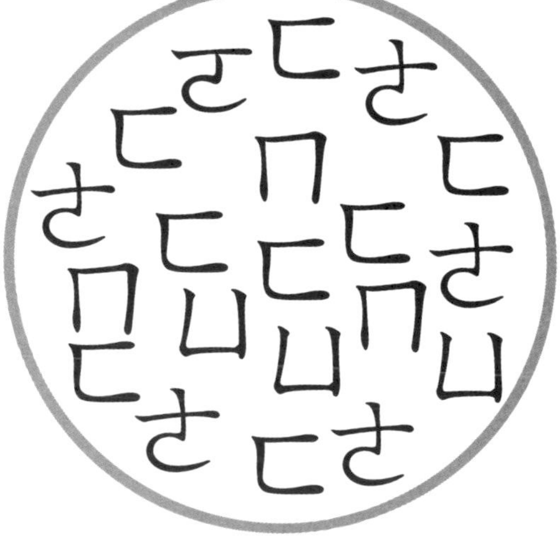

對折線

專注力小訣竅

如果孩子還不認識注音符號，您還可以藉由這個遊戲來讓孩子認識這些符號，並了解讀音，透過遊戲來提升孩子學習文字的動機。

遊戲難度：★★

08

請數一數哪兩個箱子裡的星星衣服一樣多？

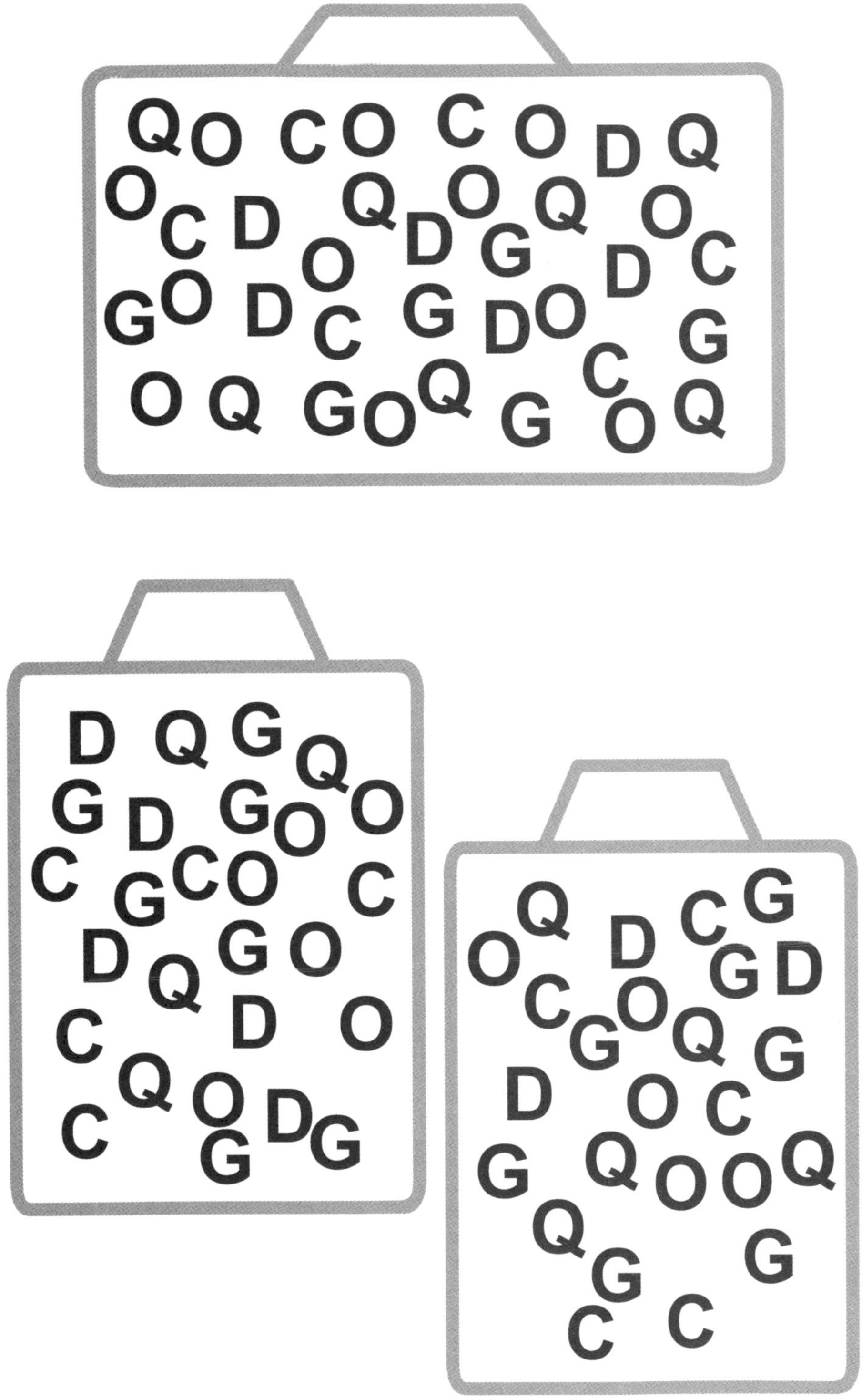

對折線

遊戲難度：★★

09 請數一數哪個圓圈裡的信件比較多？

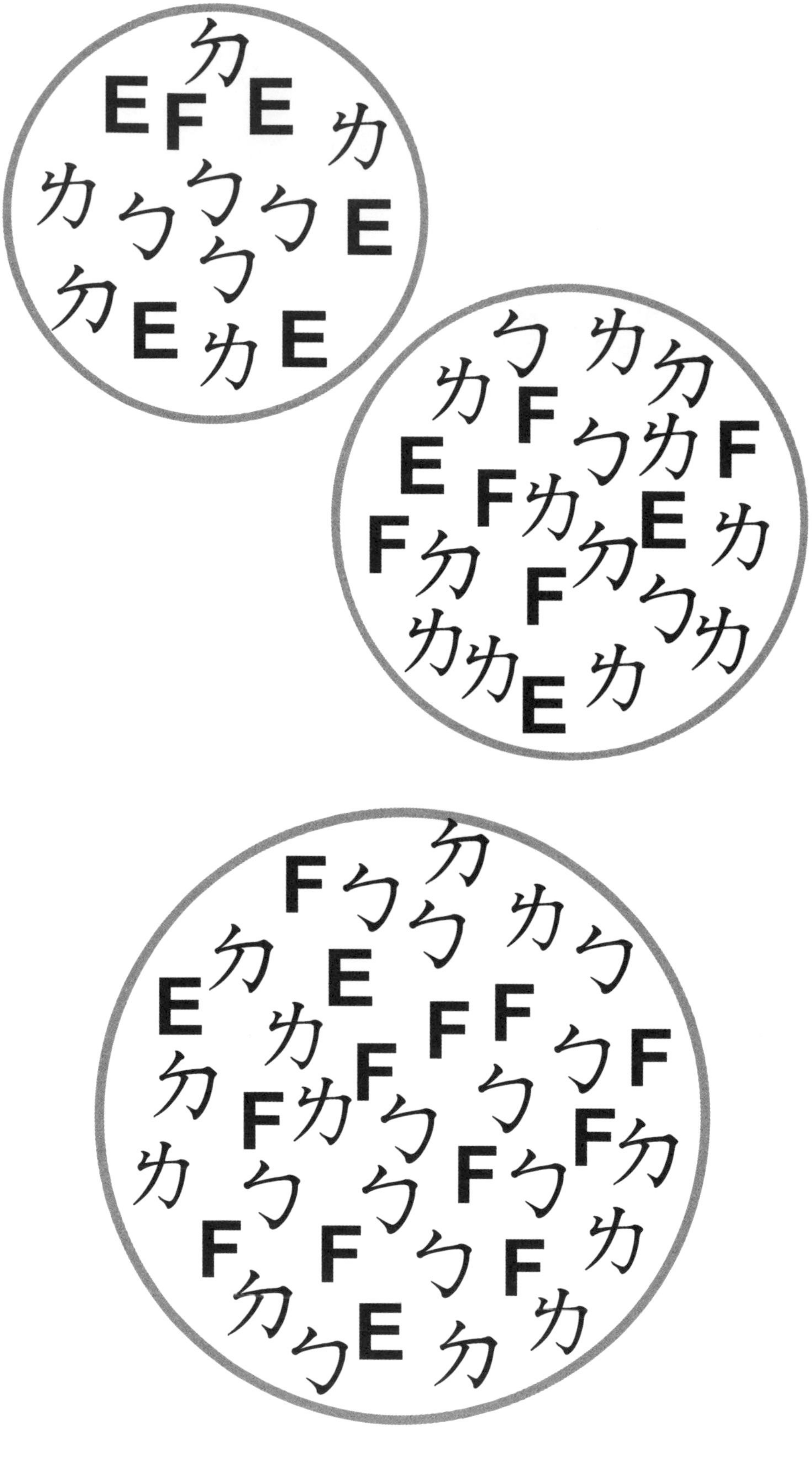

對折線

專注力小訣竅

如果孩子還無法了解「多」及「少」的概念，您可以利用積木將三個圈圈數出來的數字依序排列出來，讓孩子藉由積木排列的長短來了解多及少的觀念。

遊戲難度：★★

編碼遊戲

10

請數一數哪兩個圓圈裡的薯條一樣多？

E

ㄛ

L

ㄜ

F

對折線

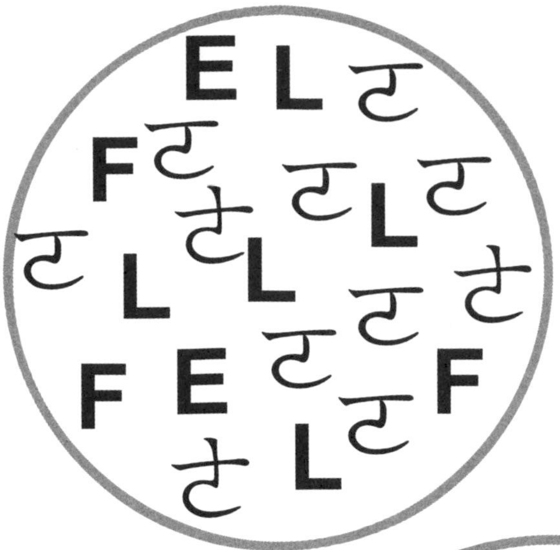

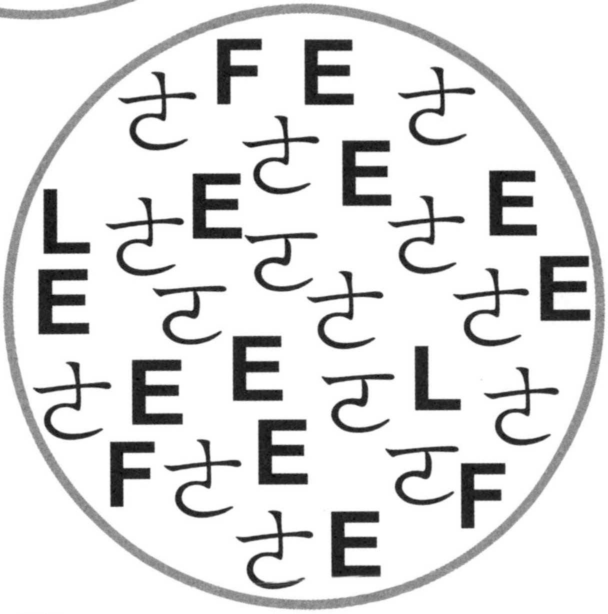

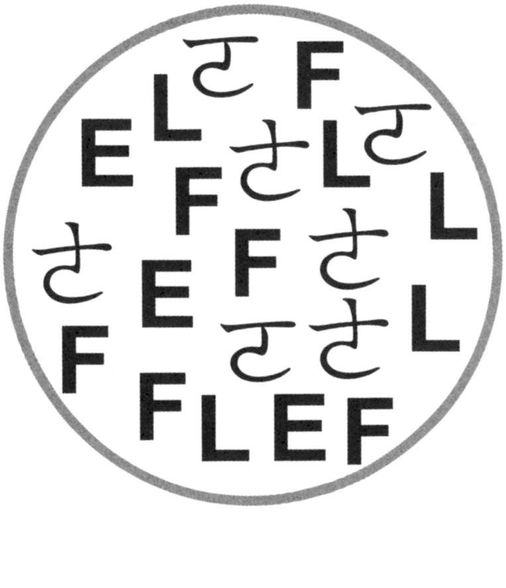

11

請數一數哪個方格裡的鞋子比較多？

遊戲難度：★★★

對折線

專注力小訣竅

不僅可以請孩子數哪個方格裡的鞋子比較多？還可以數同一個方格裡的什麼最少？以培養孩子對於平面文字的興趣，有助將來閱讀習慣的養成。

遊戲難度：★★★

12

請數一數哪個圓圈裡的黑色帽子比較多？

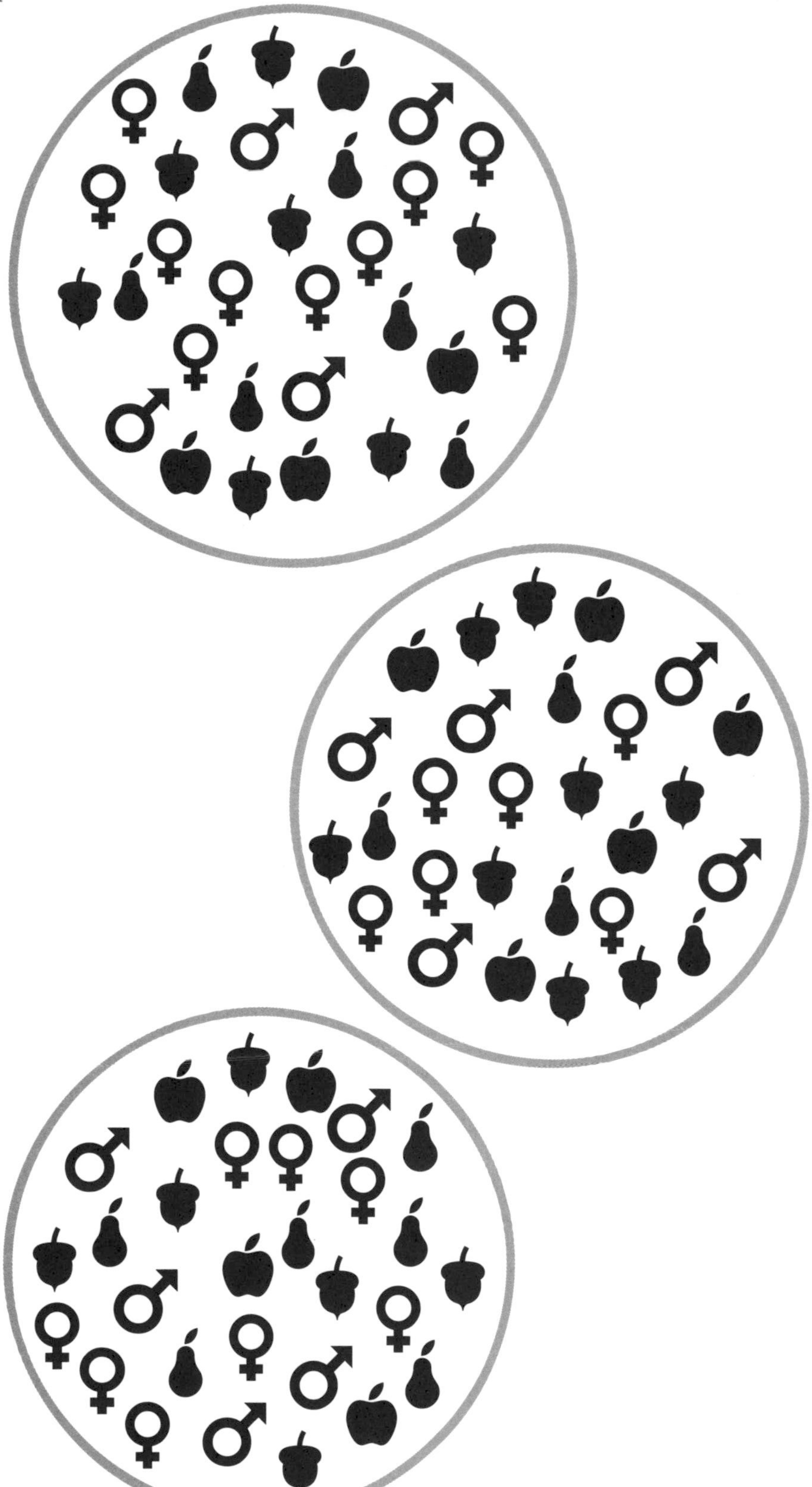

對折線

遊戲難度：★★★

13

乖乖開生日派對，招待小朋友吃餅乾。

請數一數哪兩個圓圈裡奶油椰子口味的乖乖餅乾一樣多？

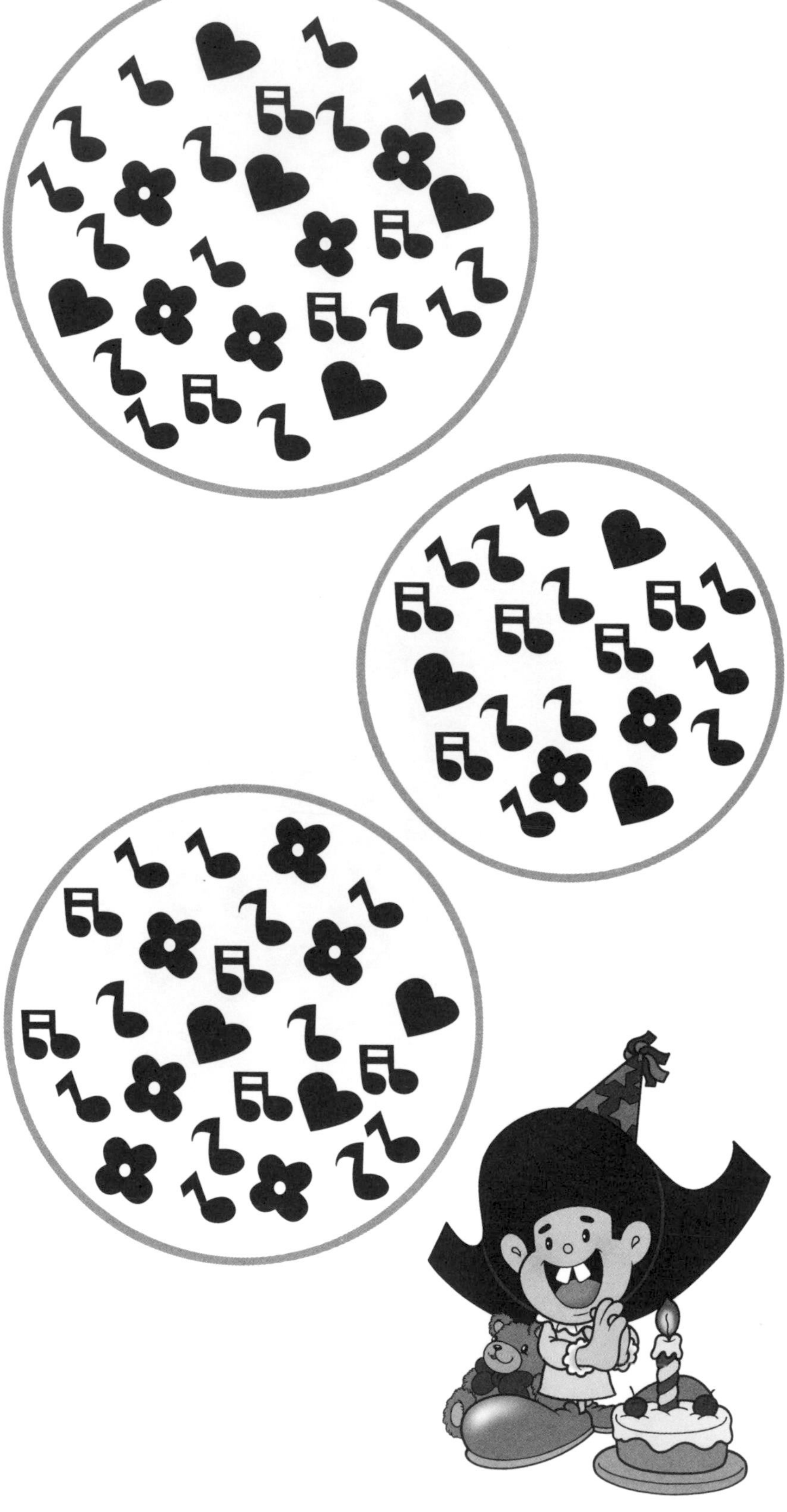

對折線

專注力小訣竅　玩這個題目時，您還可以將乖乖實際放在題目上，如果孩子找對了，就獎勵他吃乖乖，以增加孩子的動機。

遊戲難度：★★★

14

請數一數哪兩個圓圈裡的餅乾一樣多？

對折線

遊戲難度：★★★

15 請數一數哪個方格裡的小老鼠比較多？

對折線

專注力小訣竅

除了題目之外，您還可以請孩子「數一數哪一個方格裡的小豬最少？」變化不同的問法，以訓練孩子學會比較，以提升他的數理邏輯能力及觀察力。

16

請數一數哪兩個圓圈裡的櫻桃一樣多？

遊戲難度：★★★★

對折線

編碼遊戲

17

請數一數哪個方格裡的小狗比較多？

遊戲難度：★★★★

對折線

專注力小訣竅

利用貼紙來將題目換成孩子喜歡的圖案吧！請孩子選擇喜歡的貼紙依序貼在題目上方的圖案上，可以讓孩子更願意進行遊戲喔！

遊戲難度：★★★★

編碼遊戲

18

請數一數哪兩個圓圈裡的襪子一樣多？

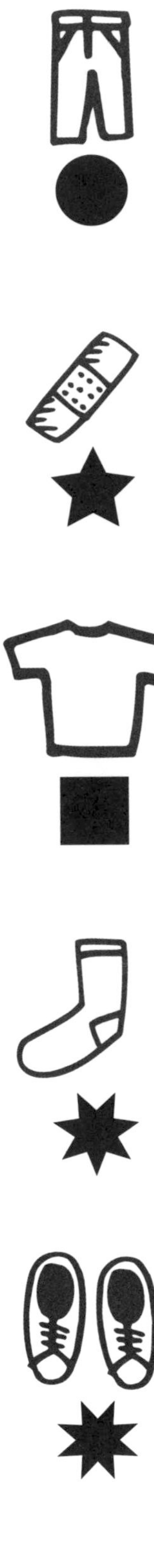

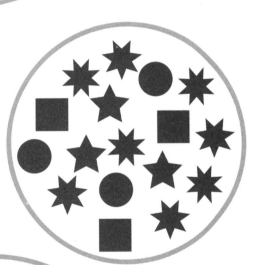

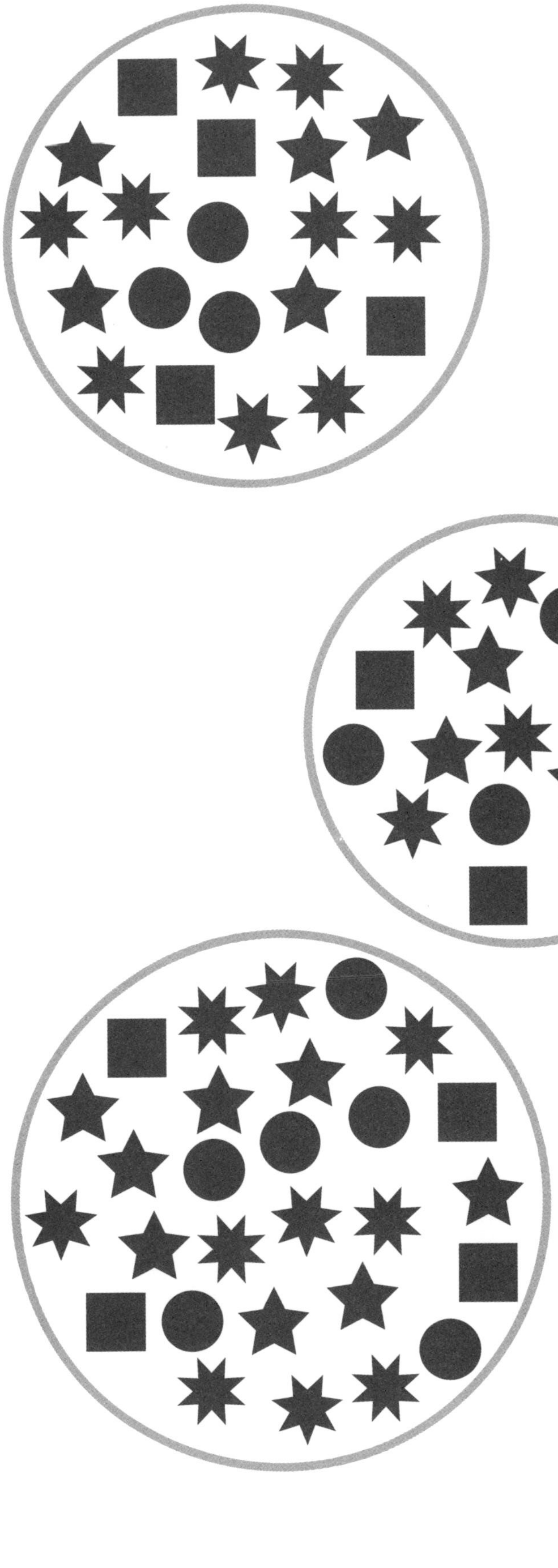

對折線

編碼遊戲

19

請數一數哪個方格裡的黑色衣服比較多？

遊戲難度：★★★★

對折線

專注力小訣竅

孩子很容易就找出答案嗎？您不妨在孩子看完左邊的密碼對應表後，將它折起來，請孩子根據記憶找出答案，同時訓練孩子的視覺記憶與專注力。

20

請數一數哪兩個圓圈裡的耳機一樣多？

遊戲難度：★★★★★

對折線

21

請數一數哪個方格裡的小汽車比較多？

遊戲難度：★★★★★

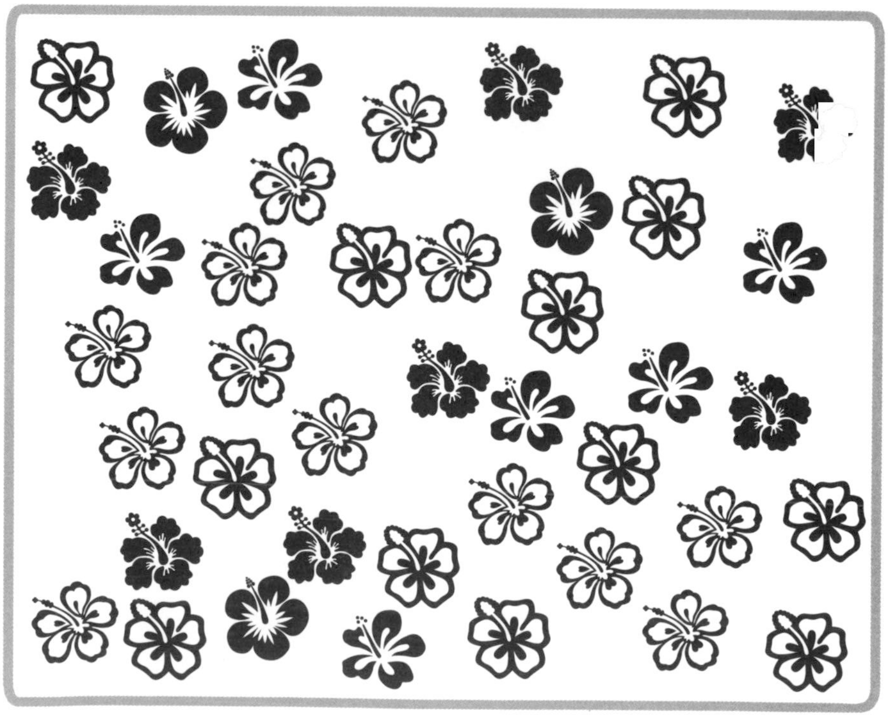

對折線

遊戲難度：★★★★★

22 請數一數哪兩個圓圈裡的足球一樣多？

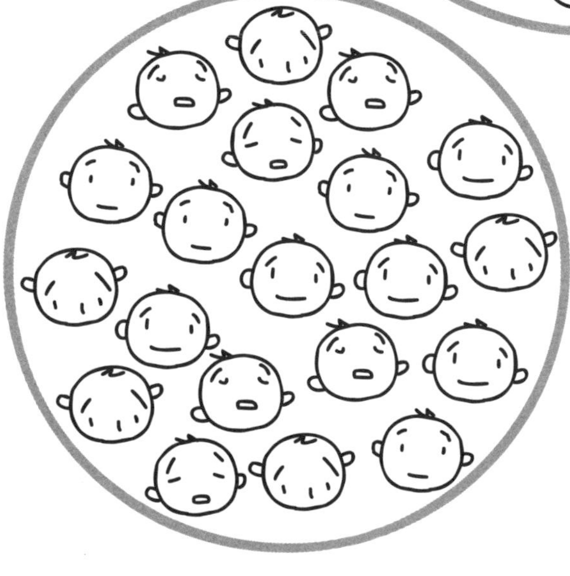

對折線

專注力小訣竅

孩子每次數出來的答案都不一樣怎麼辦？您可以請他先將要找的目標著色，然後再來數，這不僅是教孩子找答案，也是教孩子如何在閱讀時找重點。

遊戲難度：★★★★★

23

請數一數哪兩個方格裡「八點鐘的時鐘」一樣多？

對折線

24

請數一數哪個圓圈裡「十點鐘的時鐘」比較多？

遊戲難度：★★★★★

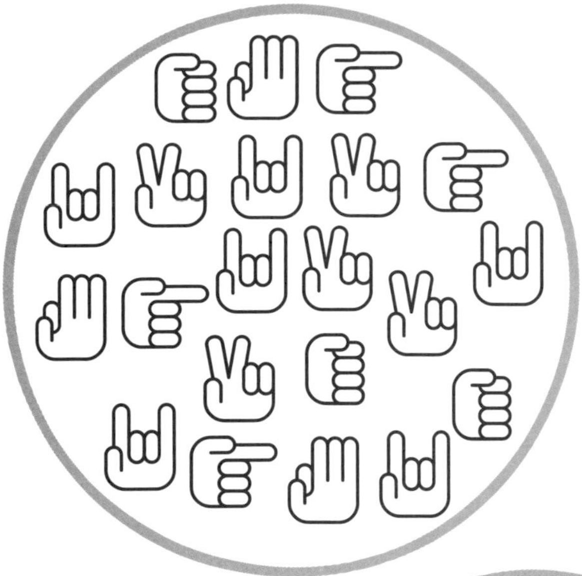

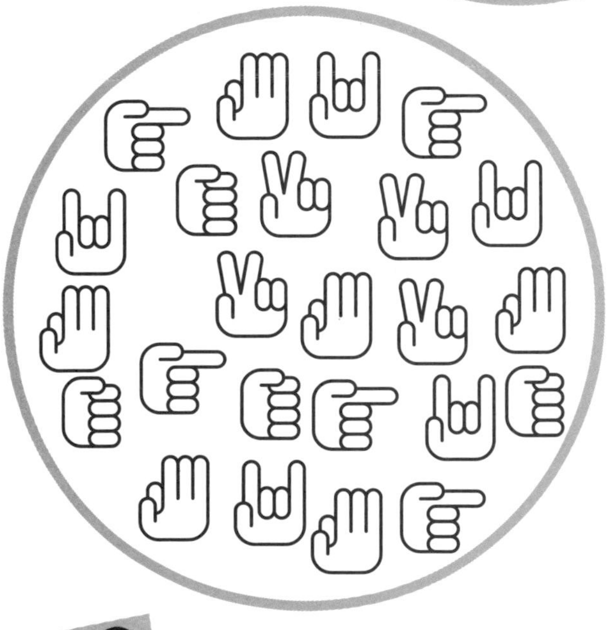

對折線

專注力小訣竅

如果孩子玩累了，也不要勉強，讓孩子起來動一動，待精神集中時，再回來玩遊戲，效果會更好喔！

編碼遊戲

25

請數一數哪兩個圓圈裡「梅花三的撲克牌」一樣多？

遊戲難度：★★★★★

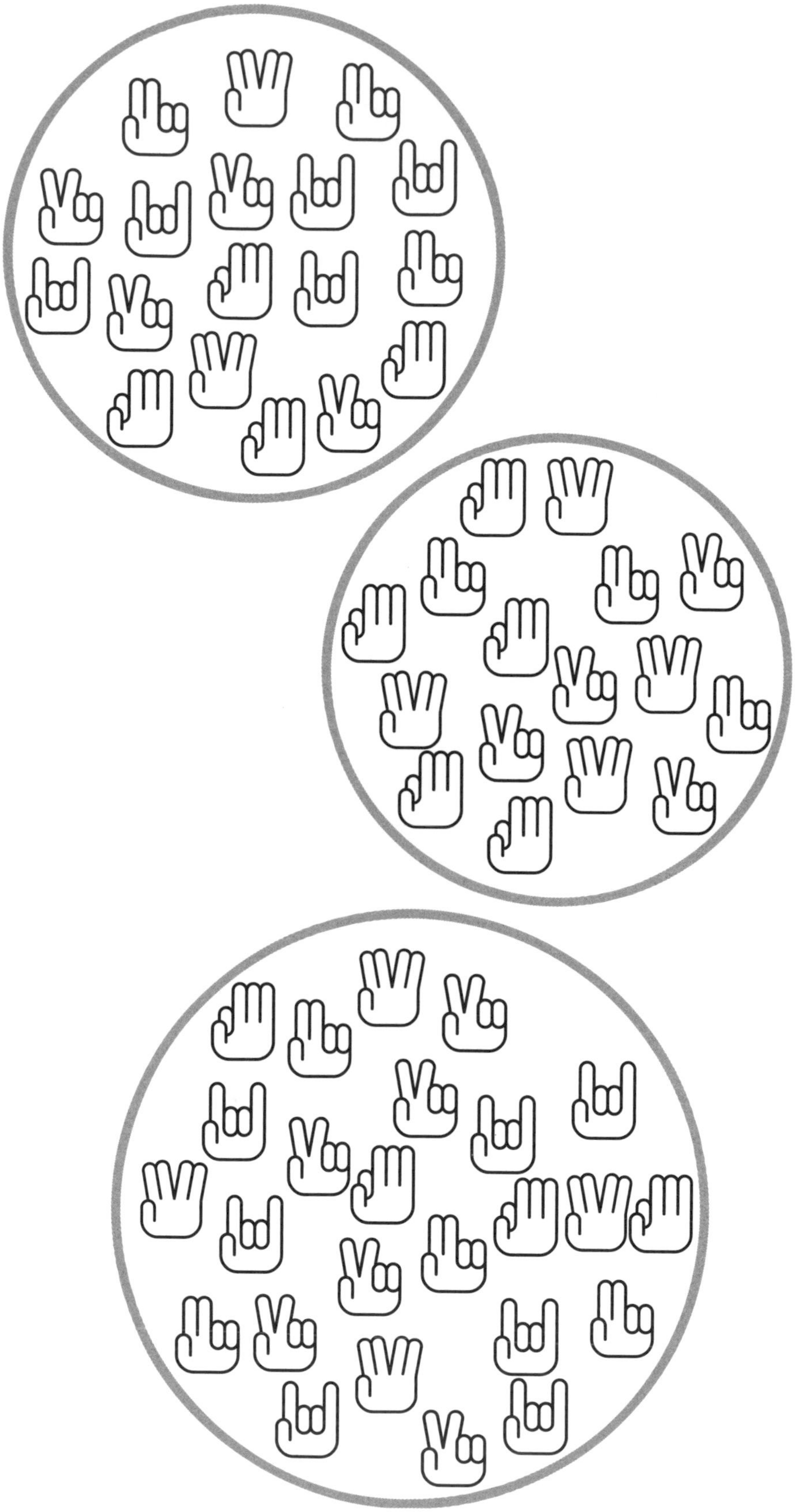

對折線

還可以這樣玩

除了紙面遊戲，您還可以打造實景，準備不同顏色的積木（如：紅色代表蘋果、黃色代表香蕉），隨意置放於三個袋子裡，請孩子數一數，哪個袋子裡的香蕉最少呢？」

專家特別說明

依孩子的程度調整難度，讓遊戲更有趣

此系列遊戲書出版後，因有不少家長有下列疑惑，故也特別提出說明，與您分享！提醒家長的是，希望您每天都能撥出 5 至 8 分鐘，陪著孩子一起「玩」遊戲書，如此，不僅孩子專注力提升，親子關係也更近了！若您在使用上，仍有困難或建議，也歡迎給予我們建議及指正，感謝您的支持！

Q：遊戲太難，小孩自己不會玩？

A: 適度的困難可以讓孩子挑戰，並在挑戰成功後獲得成就感，而願意繼續參與遊戲，進而提升參與動機，專注力自然提高。書中小秘訣也有告訴家長，如何降低遊戲的難度，以配合孩子的能力，歡迎您與孩子一起挑戰。

Q：遊戲太簡單，孩子一下就玩完了？

A: 若孩子的能力發展超過實際年齡，操作起遊戲書來一定覺得很簡單。因此，書中小秘訣有提示如何增加遊戲難度，讓孩子需要自我控制、更加專注！此外，您也可以選用更進階的版本，陪孩子一起試看看。

Q：整本遊戲書都玩完了，可是孩子卻沒有更專心？

A: 遊戲書不是特效藥，不是每天玩 5 分鐘孩子就會專心，更不是把整本遊戲書玩完就可以讓孩子不易分心。這是本工具書，告訴爸媽如何從紙本開始，進而在實際環境中幫助孩子提升觀察力，加強專注力，更希望從 5 分鐘開始，慢慢地提升孩子的專注力持續時間。書中的小秘訣也告訴大家，如何在同一題中變化出各種題型，讓孩子百玩不厭，就像是孩子每天都要讀同一本課本，爸媽也努力看看吧！

拼圖找一找——選項紙卡

請翻至背面依照上面裁切線裁剪下各個「選項紙卡」，並黏貼於厚紙板上。在玩單元四拼圖找一找時，可以將已找到選項數字的方格，覆蓋上同樣答案數字的選項紙卡，再繼續尋找下一個方格的答案數字。

此選項紙卡可幫助小朋友更清楚知道哪個方格已經找出答案，且不用拿筆記錄，可以保持頁面整潔，讓遊戲可以重複玩。

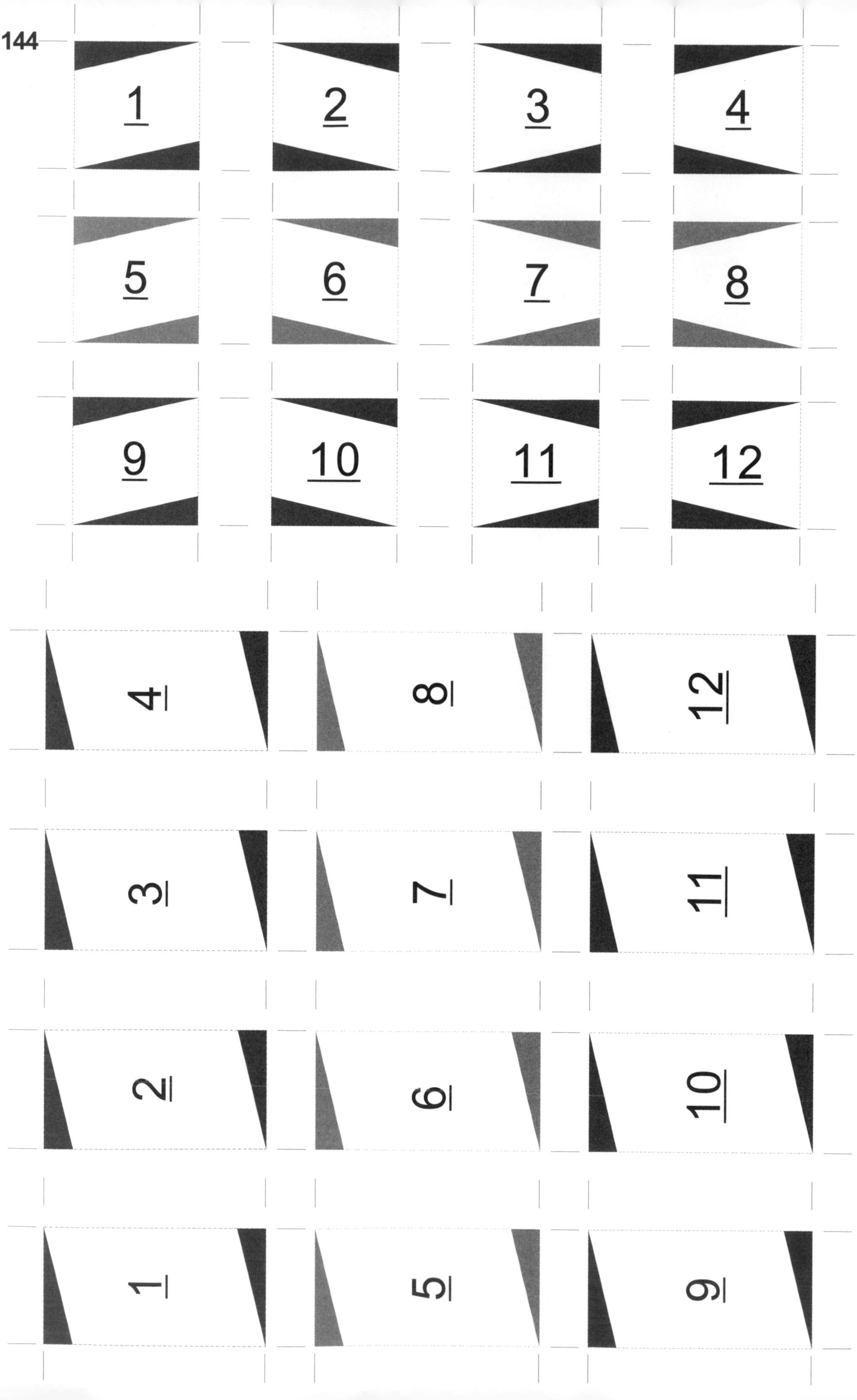
1
2
3
4
5
6
7
8
9
10
11
12
4
8
12
3
7
11
2
6
10
1
5
9

解答

PART 1

圖形配對

01

1+14
2+5
3+12
4+13
6+10
7+15
8+11

02

1+10
2+9
3+15
4+12
5+14
6+13
8+11

03

1+14
2+9
3+12
4+13
5+6
7+15
10+11

04

1+10
2+14
3+13
4+7
5+11
6+9
8+15

05

1+9
2+13
3+10
4+11
5+7
6+14
8+15

06

1+7
2+12
3+14
4+11
5+15
6+9
8+10

07

1+13
2+10
3+15
4+12
5+11
6+9
7+14

08

1+10
2+8
3+14
4+12
5+11
6+13
7+15

09

1+11
2+13
3+9
4+6
5+8
7+10
12+15

10

1+8
2+10
3+15
4+13
5+12
7+14
9+11

11

1+8
2+14
3+11
4+13
5+7
6+20
8+17
15+19
9+12
10+16

12

1+14
2+17
3+18
4+12
5+13
6+16
7+19
8+11
9+15
10+20

13

1+16
2+6
3+17
4+12
5+13
7+20
8+15
9+14
10+19
11+18

14

1+13
2+14
3+19
4+17
5+9
6+20
7+16
8+12
10+18
11+15

15

1+18
2+17
3+15
4+11
5+13
6+20
7+19
8+12
9+16
10+14

16

1+8
2+10
3+18
4+13
5+14
6+15
7+17
9+16
11+19
12+20

17

1+13
2+7
3+19
4+12
5+6
8+20
9+18
10+16
11+14
15+17

18

1+9
2+13
3+7
4+17
5+12
6+14
8+20
10+16
11+19
15+18

19

1+13
2+15
3+11
4+12
5+16
6+14
7+19
8+18
9+17
10+20

20

1+15
2+13
3+14
4+6
5+18
7+12
8+16
9+20
10+19
11+17

21

1+14
2+15
3+19
4+17
5+18
6+16
7+9
8+10
11+20
12+13

22

1+8
2+14
3+18
4+16
5+11
6+13
7+20
9+19
10+17
12+15

23

1+15
2+12
3+18
4+8
5+6
7+19
9+20
10+16
11+13
14+17

24

1+10
2+12
3+20
4+11
5+17
6+15
7+14
8+19
9+18
13+16

25

1+14
2+13
3+11
4+18
5+15
6+16
7+10
8+20
9+17
12+19

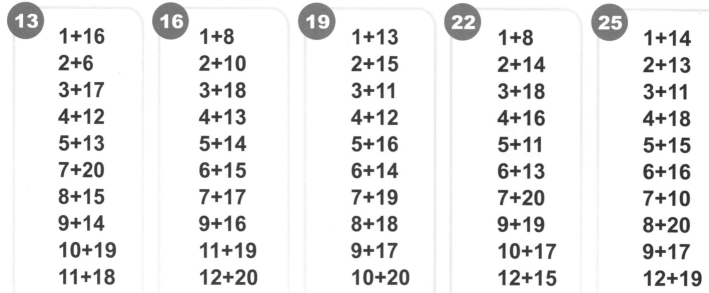

解答

PART 2

六角著色

01

1 藍色　2 黃色

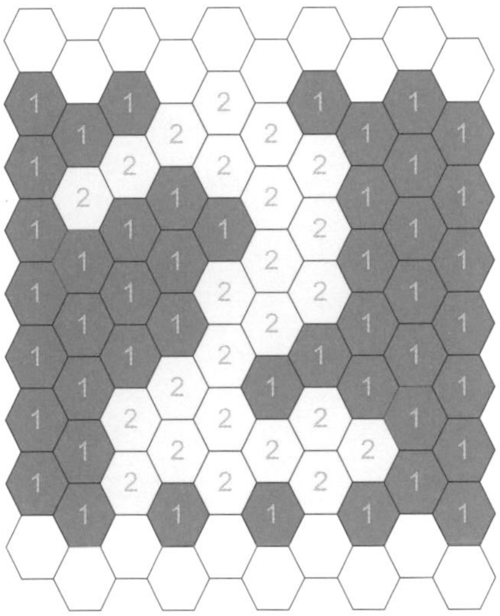

02

1 藍色　2 黃色　3 紅色

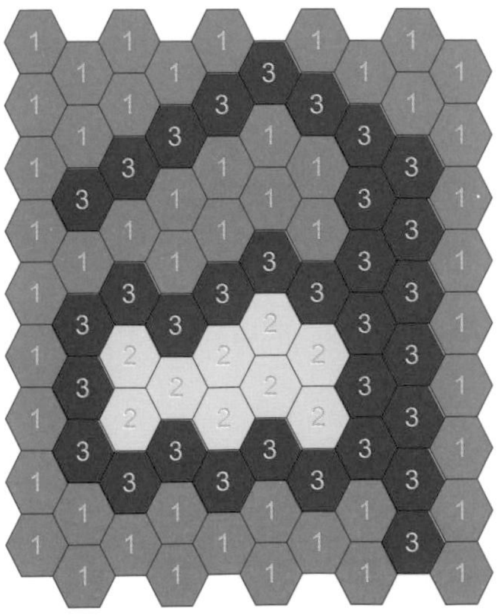

03

1 藍色　2 黃色　3 紅色

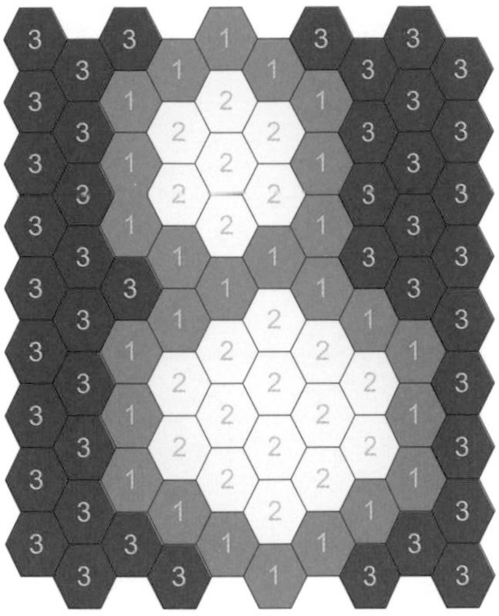

04

1 綠色　2 黃色　3 紅色　4 藍色

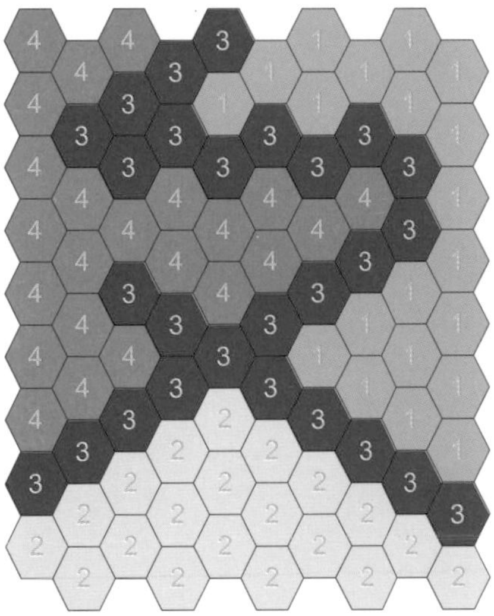

05

1 綠色　2 黃色　3 紅色　4 藍色

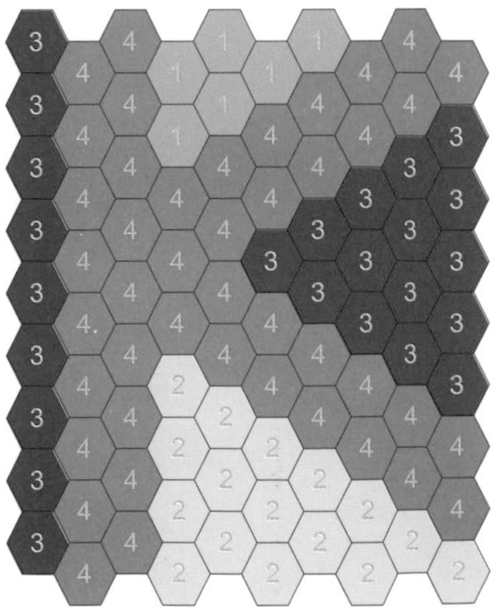

06

1 紅色　2 黃色　3 藍色

07

1 橘色　2 黃色　3 紅色　4 綠色

08

1 白色　2 黑色　3 粉紅色　4 粉藍色

09

1 黑色　2 橘色　3 藍色　4 綠色

10

1 桃紅色　2 黑色　3 綠色　4 粉紅色

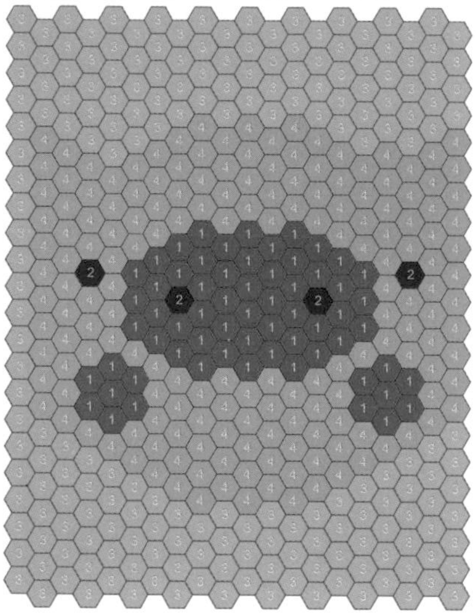

11

1 黑色　2 黃色　3 桃紅色　4 橘色

12

1 綠色　2 藍色　3 紅色　4 黑色

13

1 黑色　2 黃色　3 綠色　4 紅色

14

1 橘色　2 黑色　3 綠色　4 黃色　5 咖啡色

15

1 橘色　2 深藍色　3 黃色　4 桃紅色　5 紅色　6 淺藍色

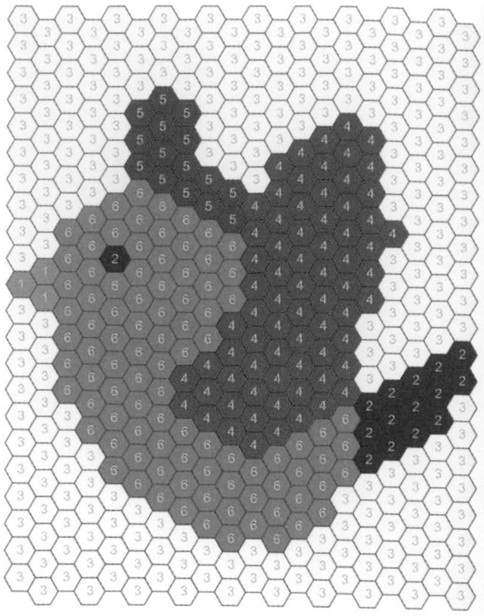

16

1 橘色　2 黑色　3 藍色　4 紅色　5 黃色　6 紫色

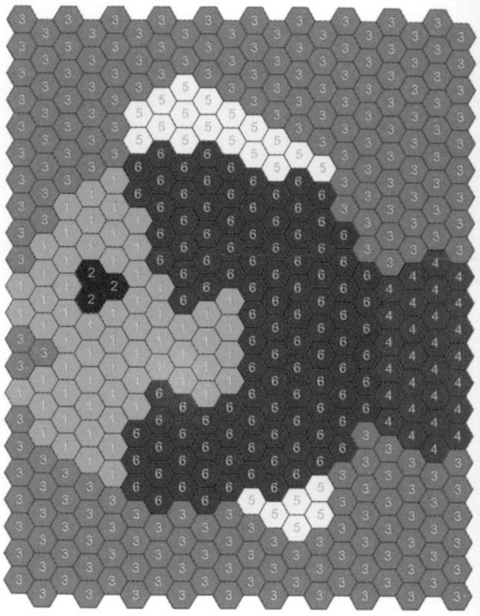

17

1 黃色　2 紫色　3 黑色　4 綠色　5 紅色　6 粉紅色

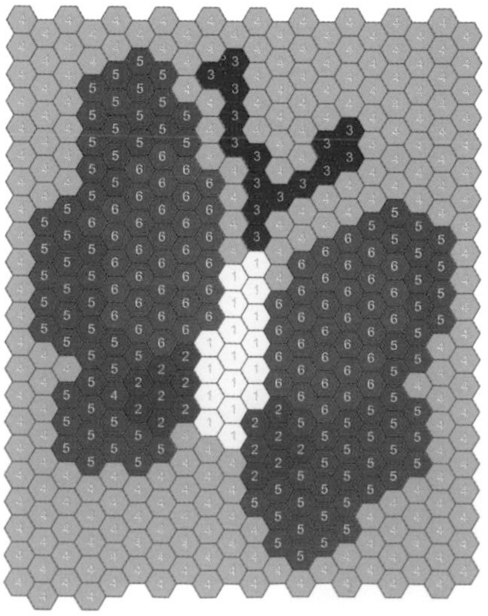

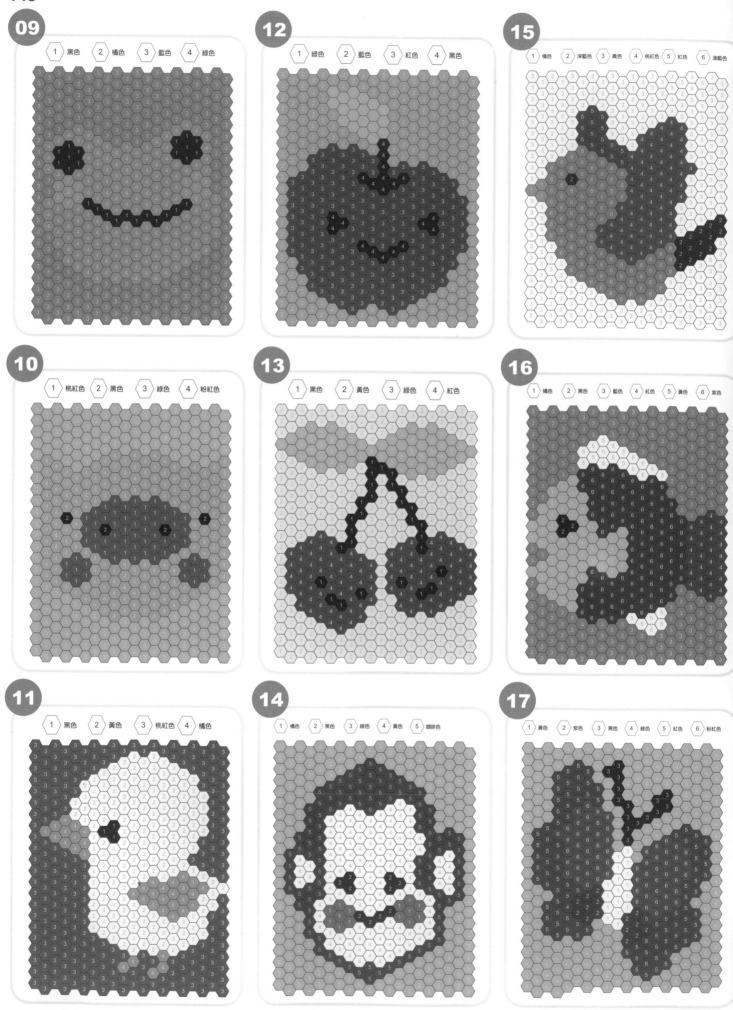

18

1 橘色　2 綠色　3 灰色　4 藍色　5 紅色　6 桃紅色

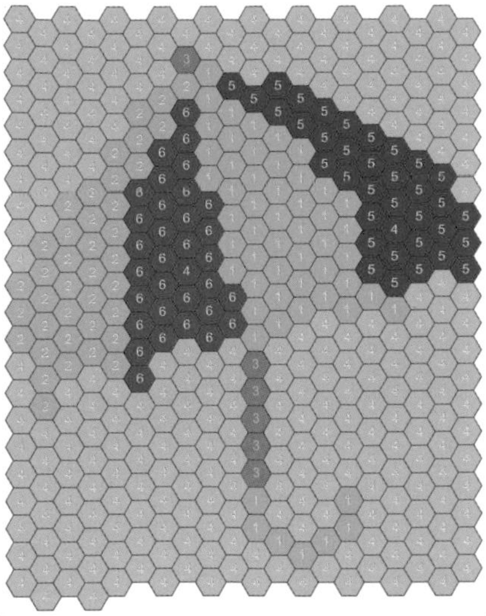

21

1 黃色　2 黑色　3 藍色　4 橘色　5 紫色　6 灰色

24

1 咖啡色　2 粉紅色　3 白色　4 紅色　5 黑色　6 黃色　7 藍色

19

1 綠色　2 黑色　3 粉紅色　4 橘色　5 紫色　6 灰色

22

1 淺藍色　2 黑色　3 深藍色　4 橘色　5 黃色　6 咖啡色

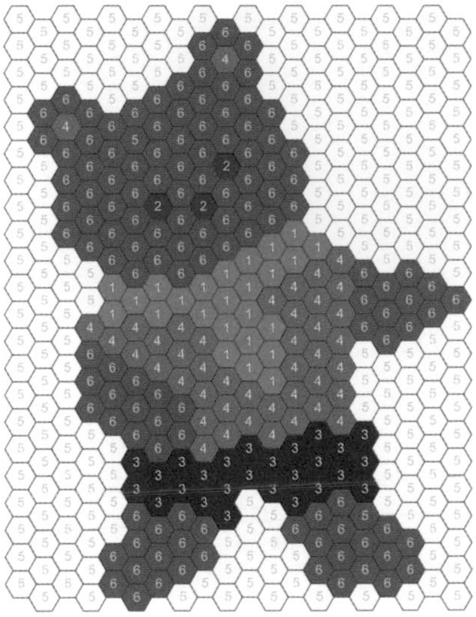

25

1 綠色　2 桃紅色　3 咖啡色　4 橘色　5 黃色　6 藍色　7 紅色

20

1 紅色　2 藍色　3 綠色　4 紫色　5 黑色　6 黃色

23

1 黃色　2 橘色　3 黑色　4 桃紅色　5 藍色　6 紅色　7 紫色

解答

PART 3

大家來找碴

02

04

01

03

05

06

07

08

09

10

11

12

13

14

15

16

17

18

19

20

21

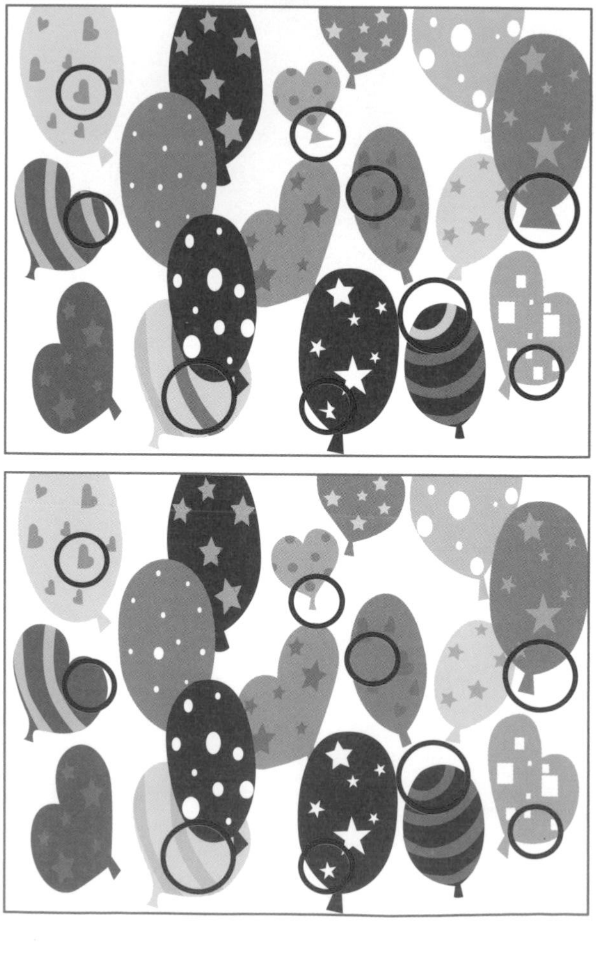

22

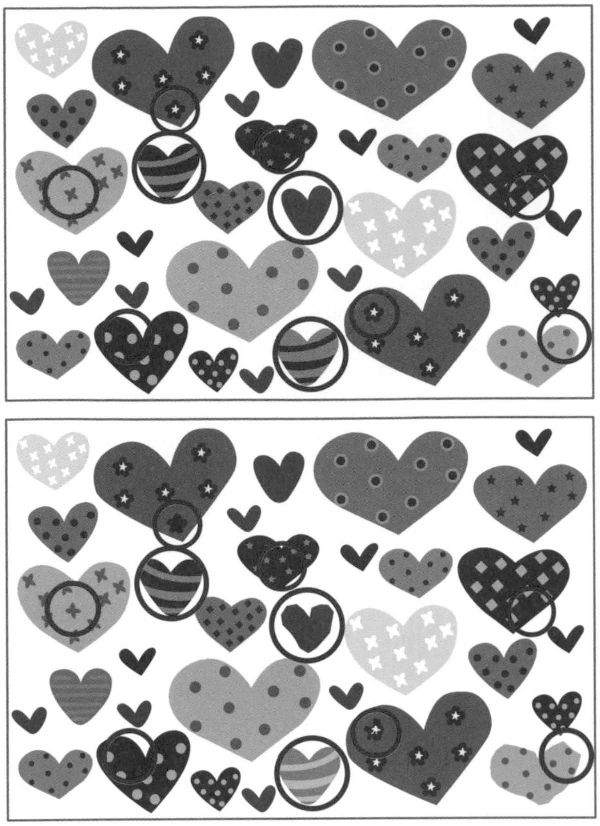

23

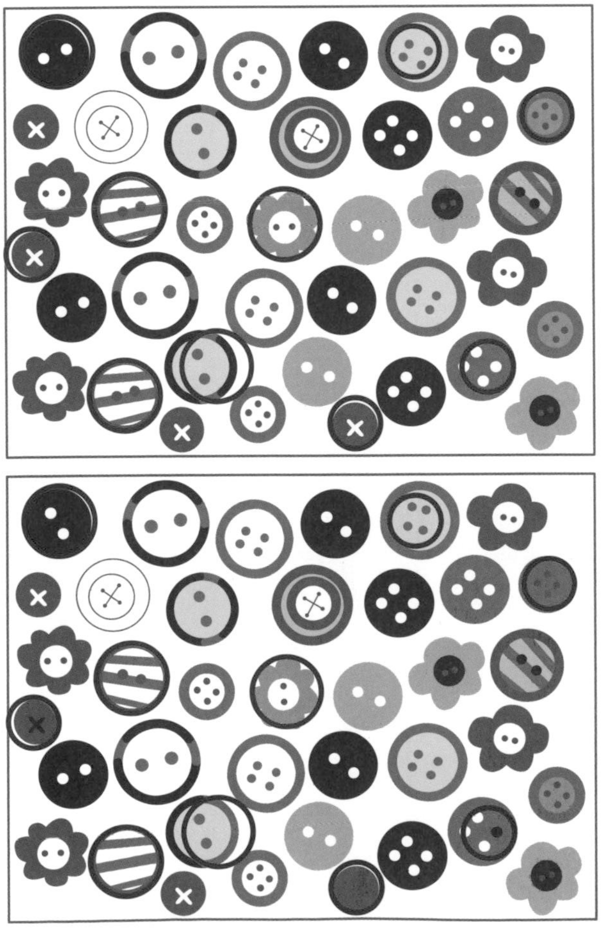

24

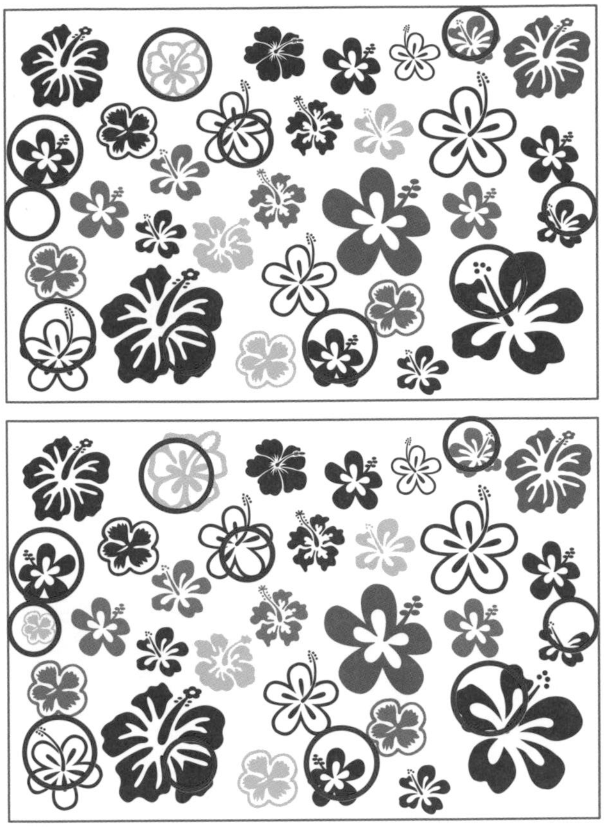

25

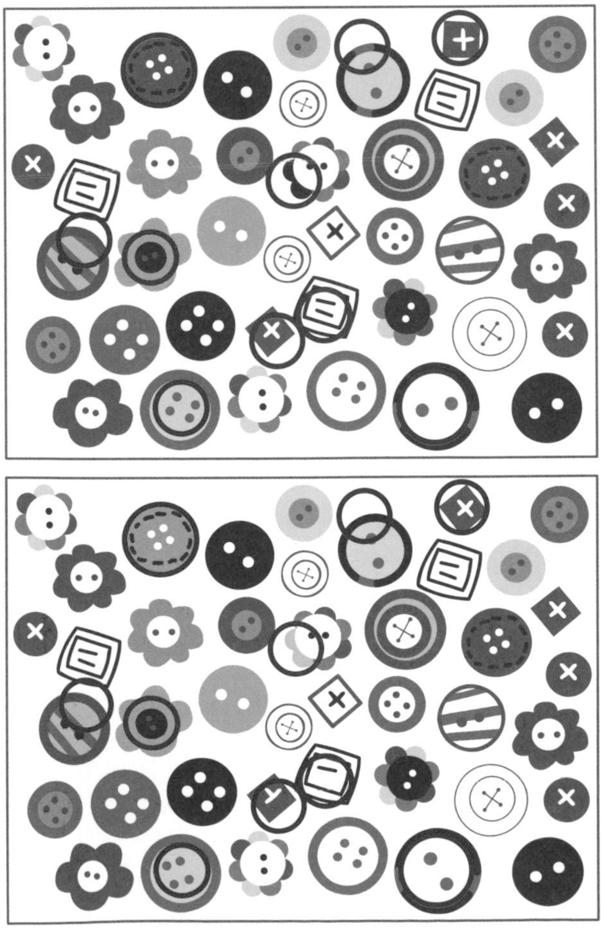

解答

PART 4

拼圖找一找

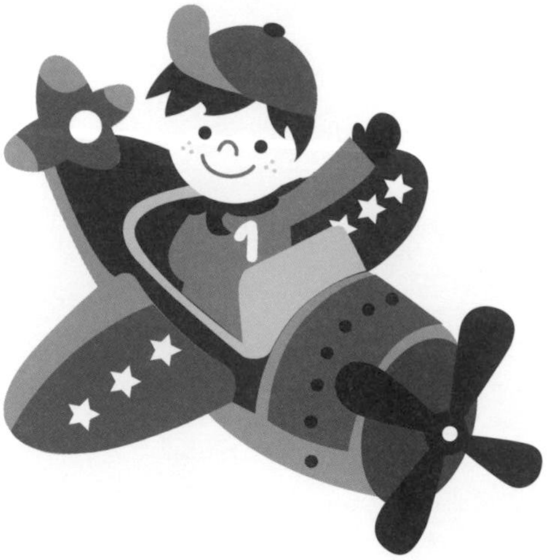

01

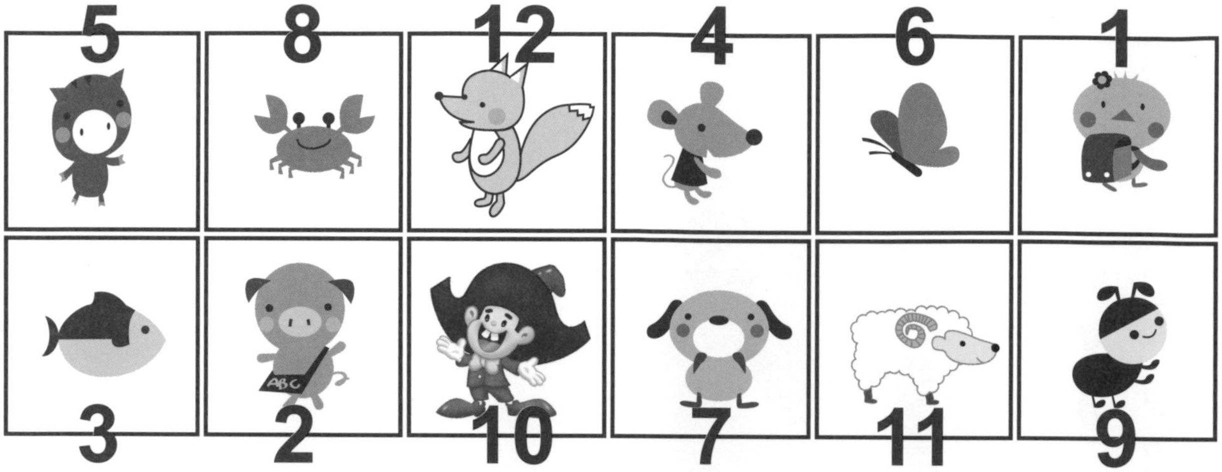

02

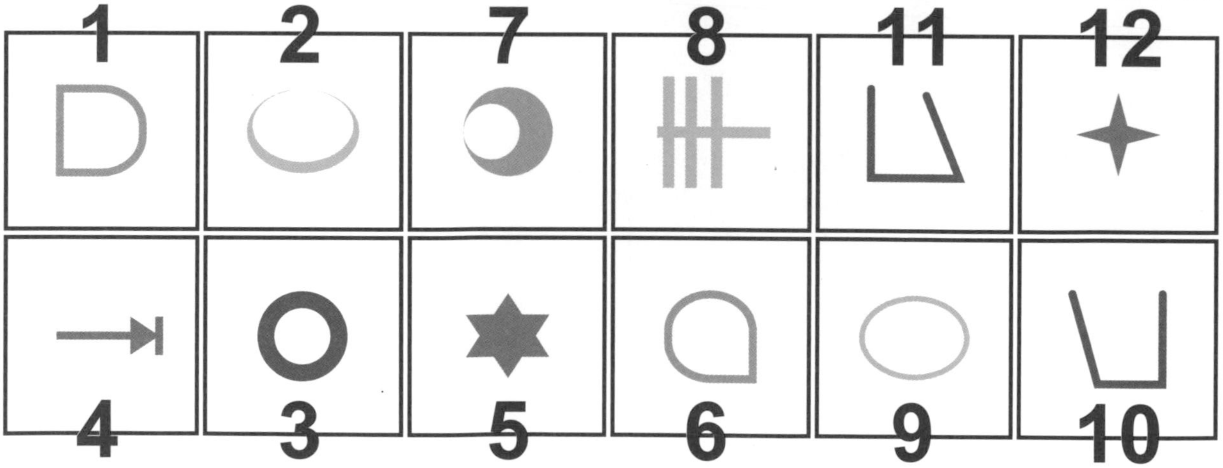

03

9	10	2	12	5	6
P	C	P	G	O	G
Q	E	R	Q	O	C
11	3	4	1	8	7

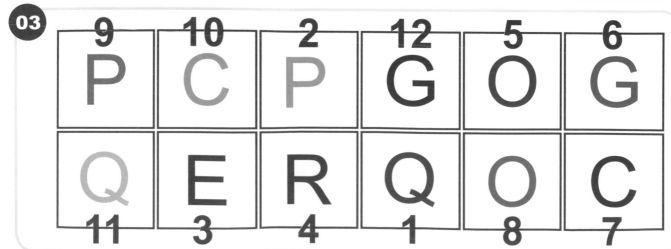

04

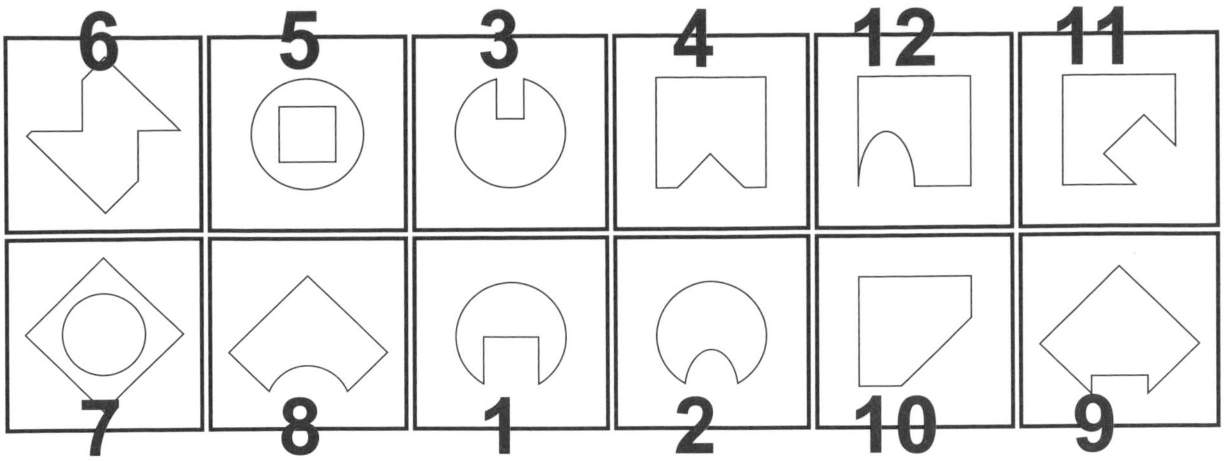
6 5 3 4 12 11
7 8 1 2 10 9

05

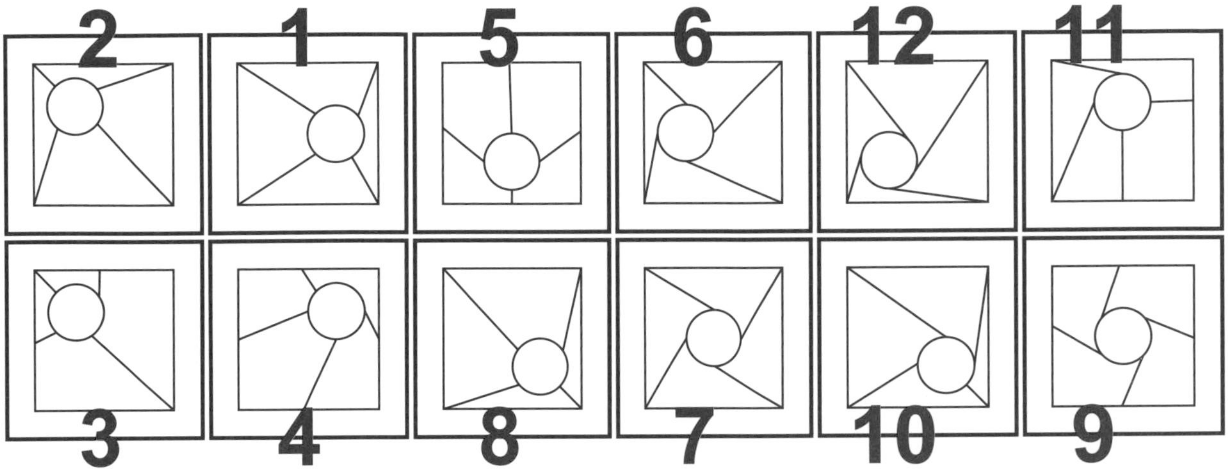
2 1 5 6 12 11
3 4 8 7 10 9

06

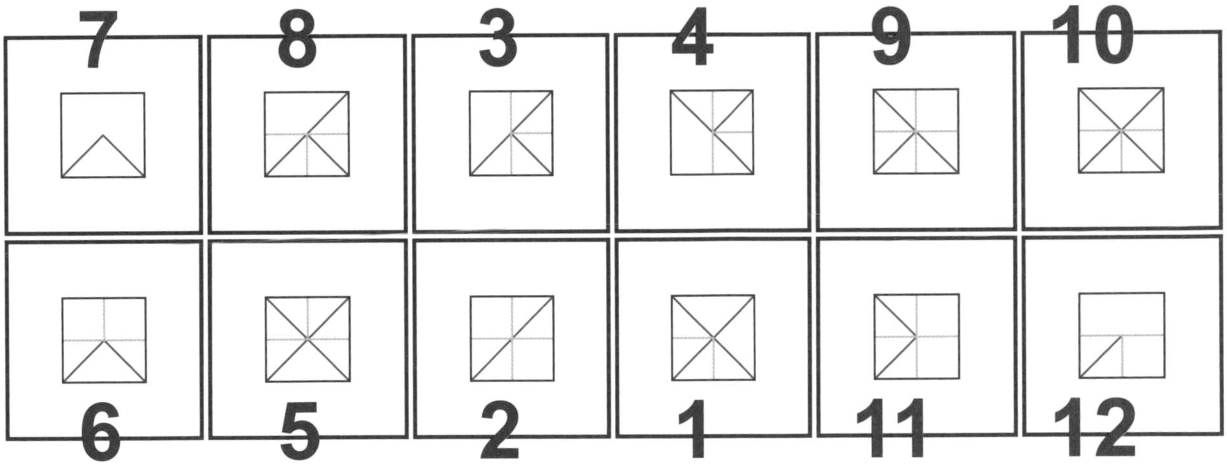
7 8 3 4 9 10
6 5 2 1 11 12

07

2 1 7 8 9 10
3 4 6 5 12 11

08

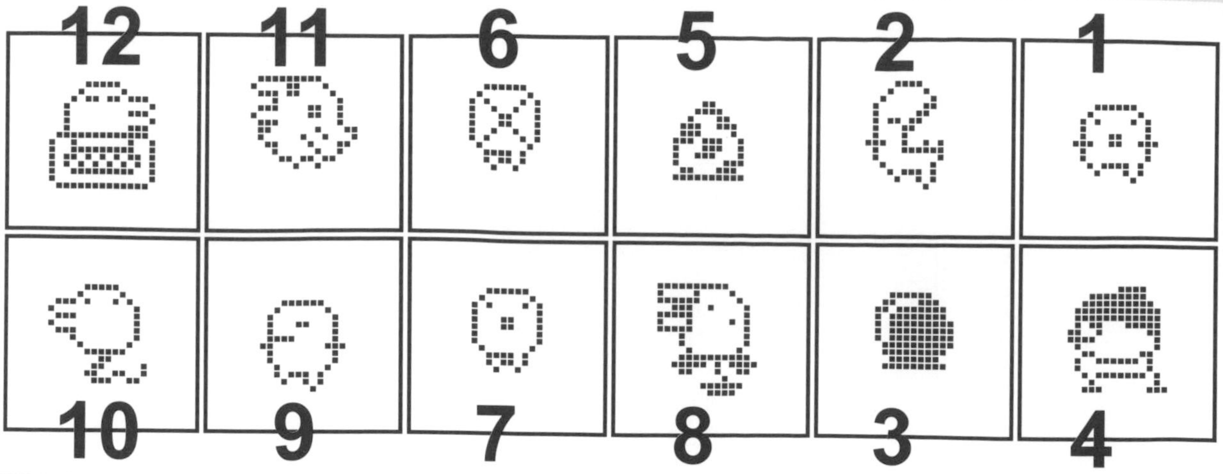
12 11 6 5 2 1
10 9 7 8 3 4

09

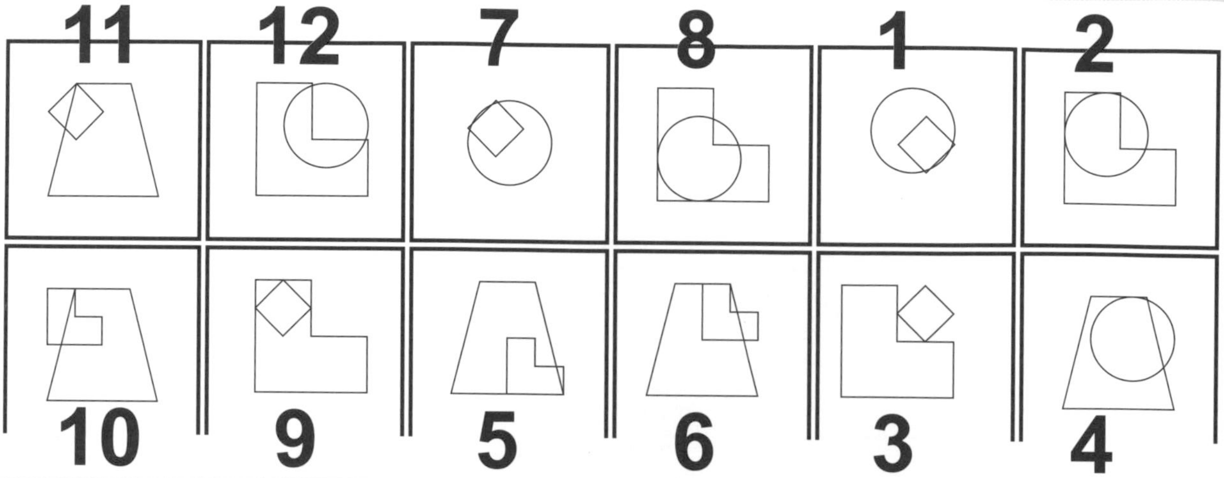
11 12 7 8 1 2
10 9 5 6 3 4

10

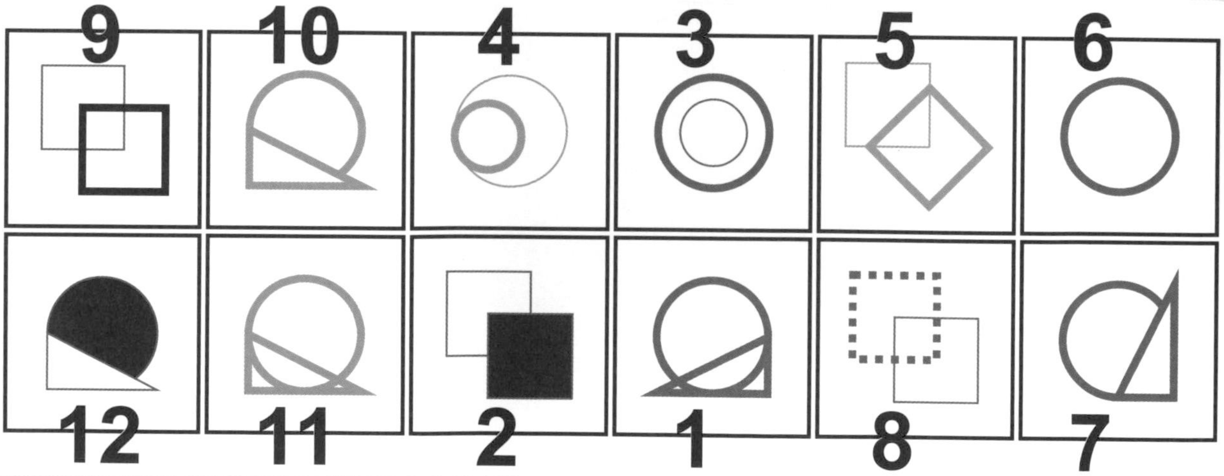
9 10 4 3 5 6
12 11 2 1 8 7

11

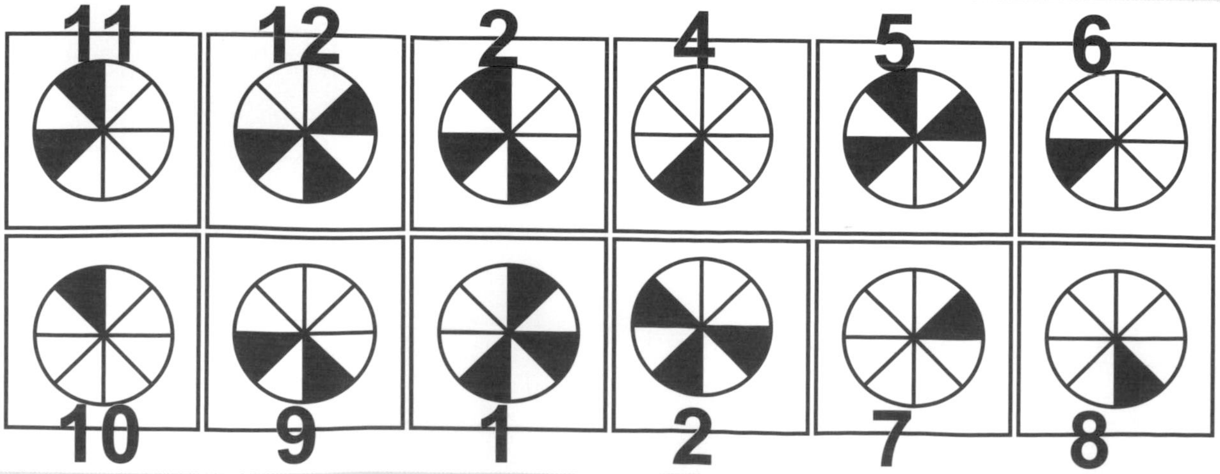
11 12 2 4 5 6
10 9 1 2 7 8

12

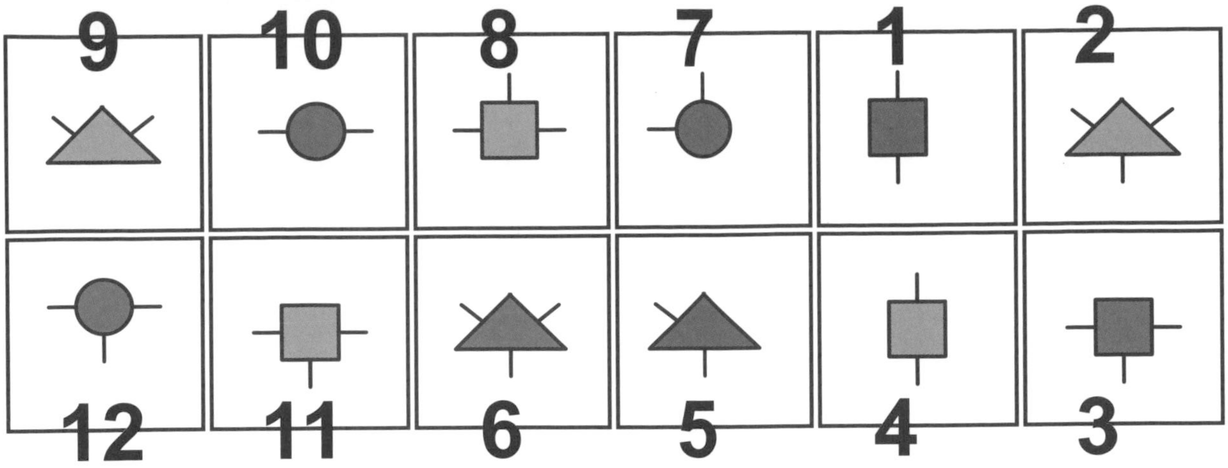
9 10 8 7 1 2
12 11 6 5 4 3

13

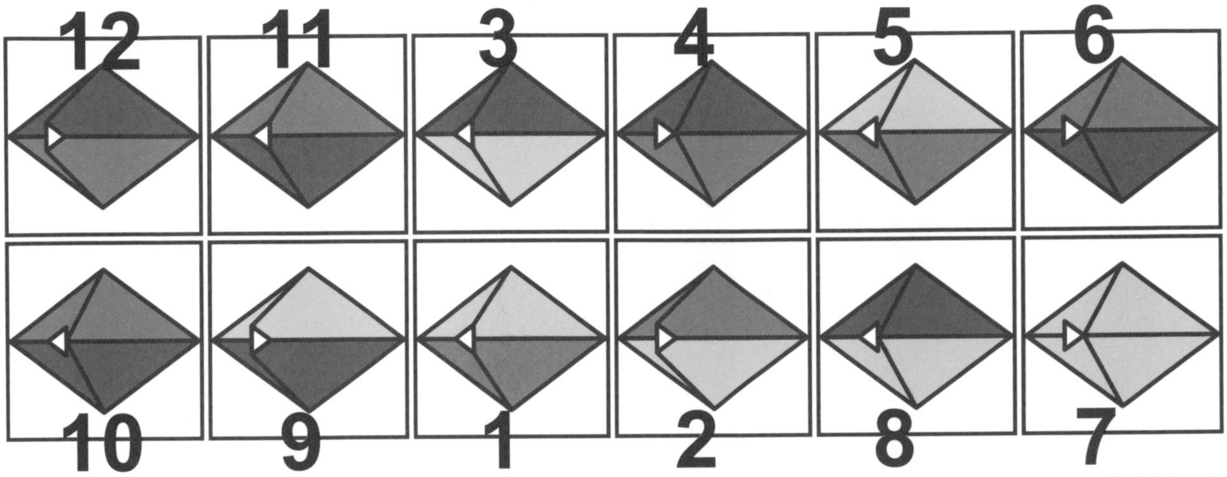
12 11 3 4 5 6
10 9 1 2 8 7

14

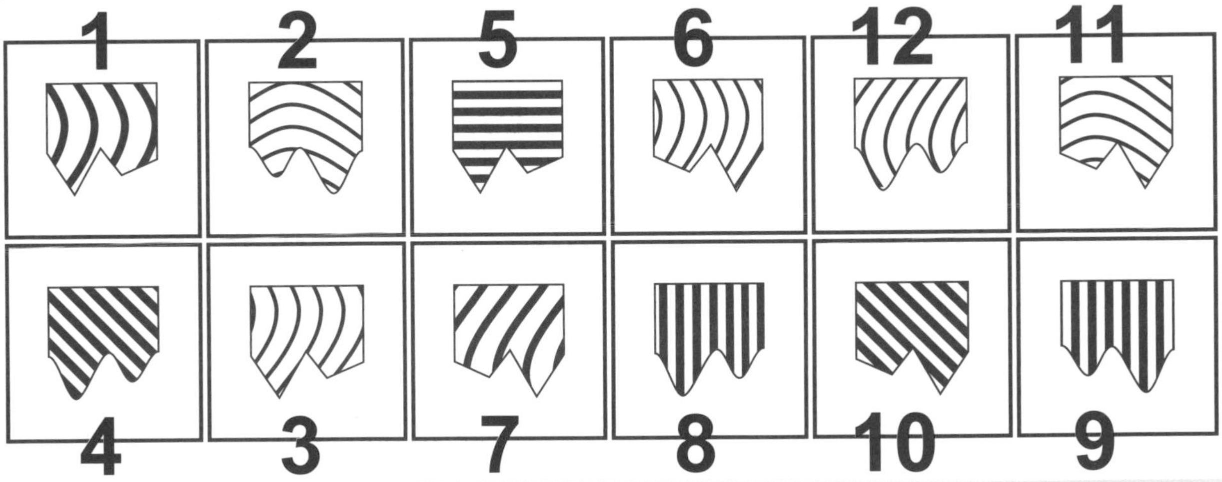
1 2 5 6 12 11
4 3 7 8 10 9

15

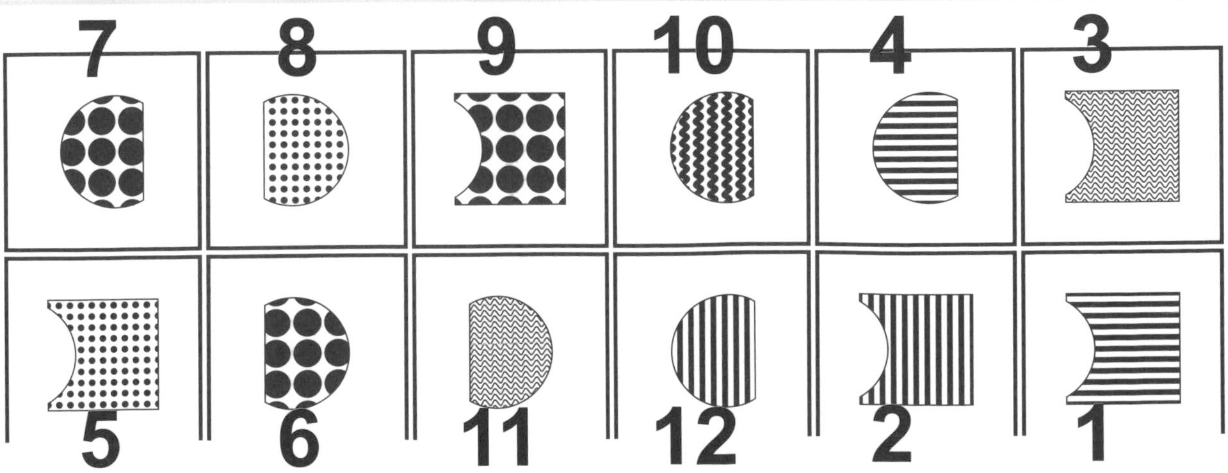
7 8 9 10 4 3
5 6 11 12 2 1

16

7 8 3 4 9 10

5 6 1 2 12 11

17

6 11 1 12 5 7

3 10 8 4 2 9

18

1 8 5 2 7 6

12 11 10 4 3 9

19

12 10 1 6 7 9

3 5 4 8 11 2

20

4 12 6 1 9 8

11 3 10 2 5 7

21

3 12 6 7 4 2

11 9 5 10 1 8

22

9 10 8 12 3 1

2 5 4 6 11 7

23

6 12 3 5 1 7

4 9 11 8 2 10

24

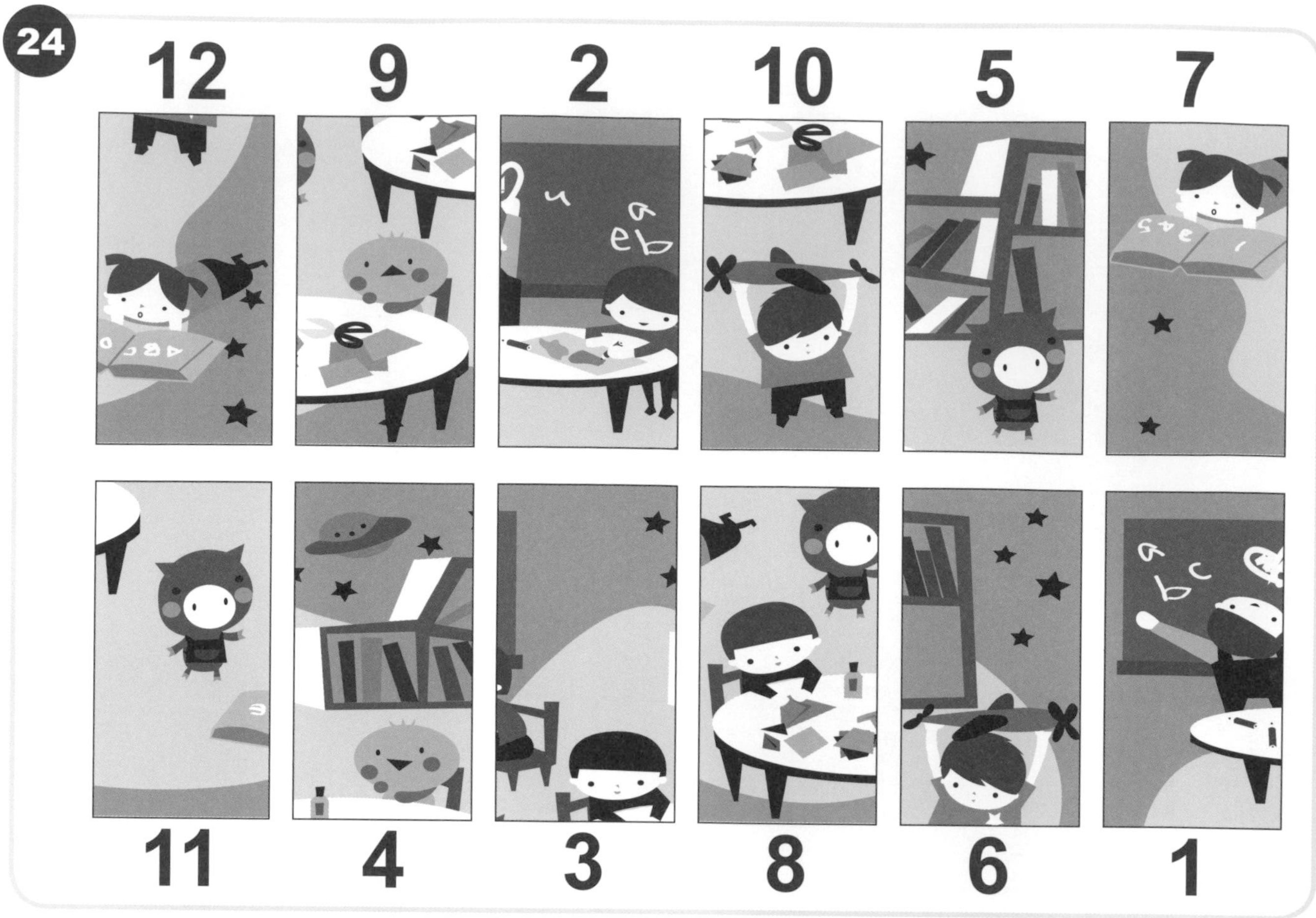

25

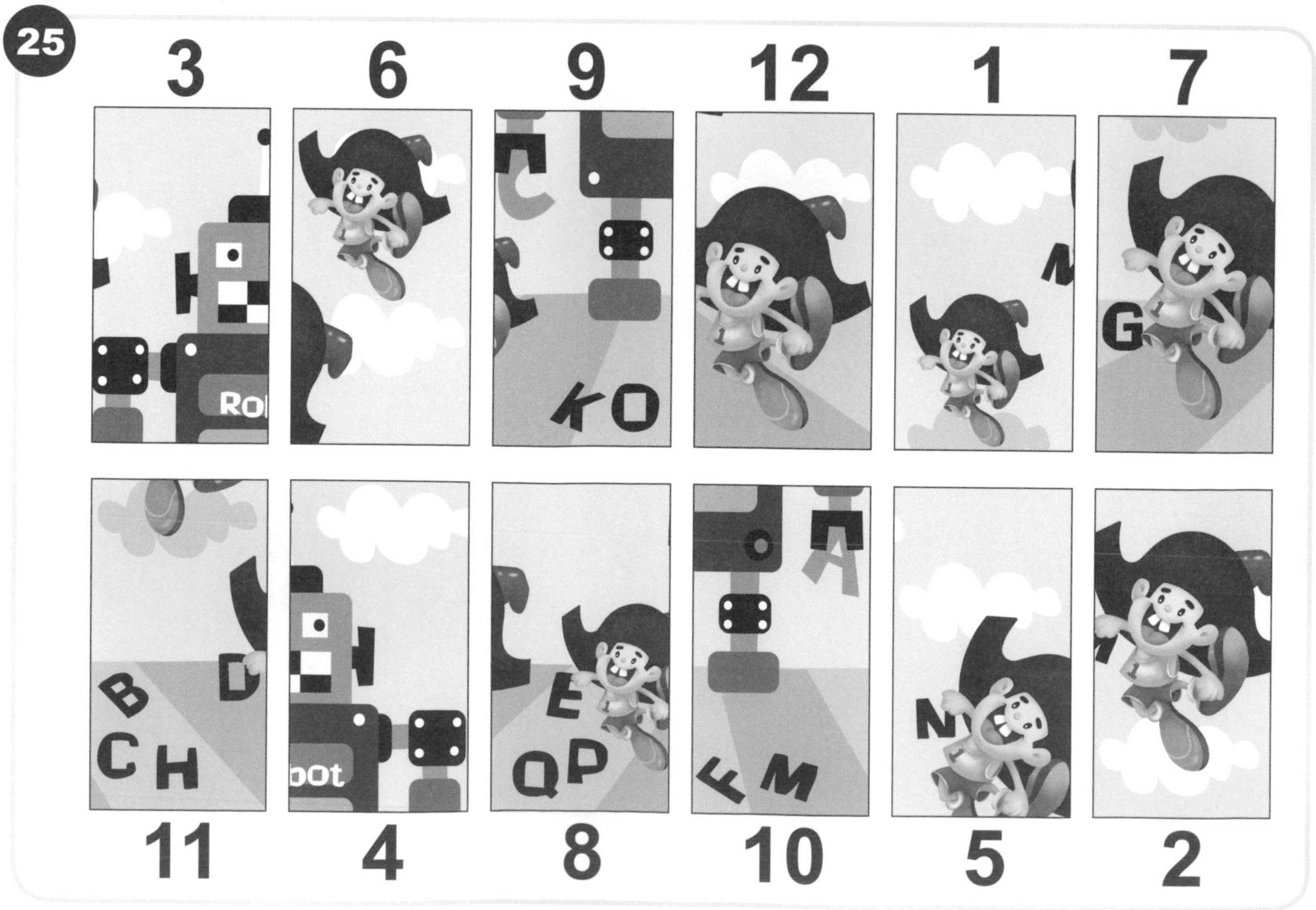

解答

PART 5

編碼遊戲

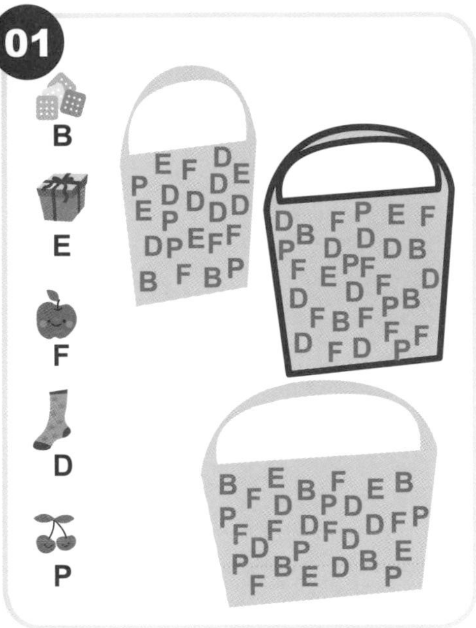

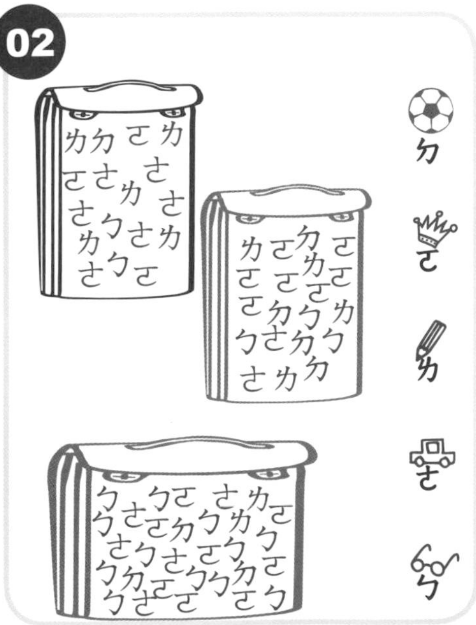

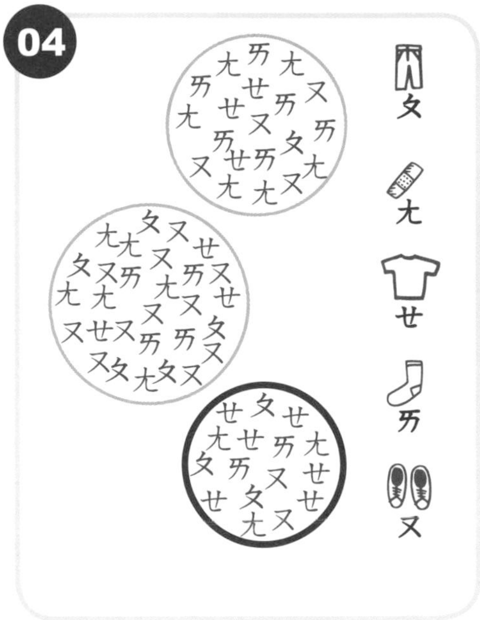

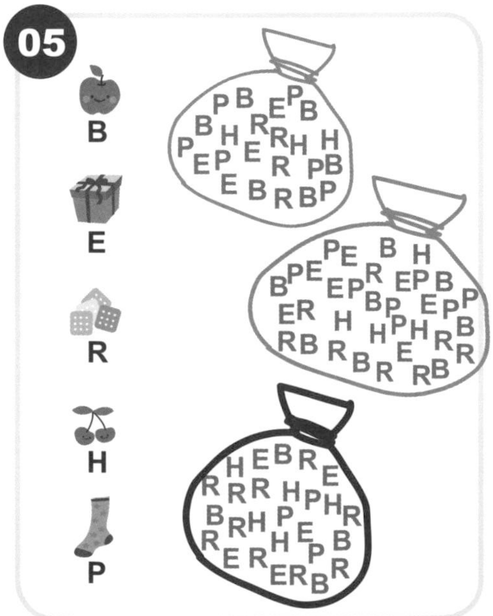

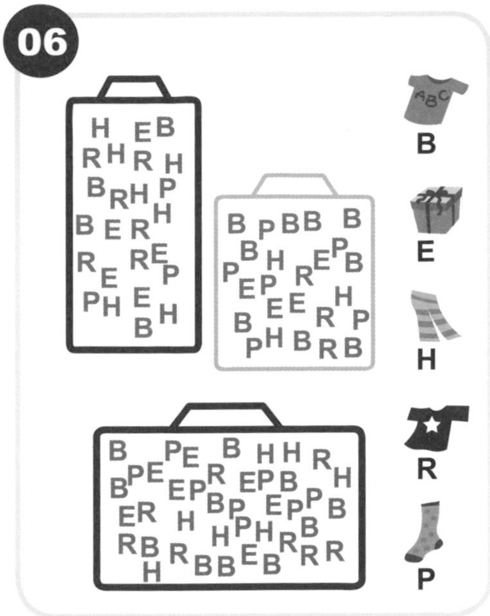

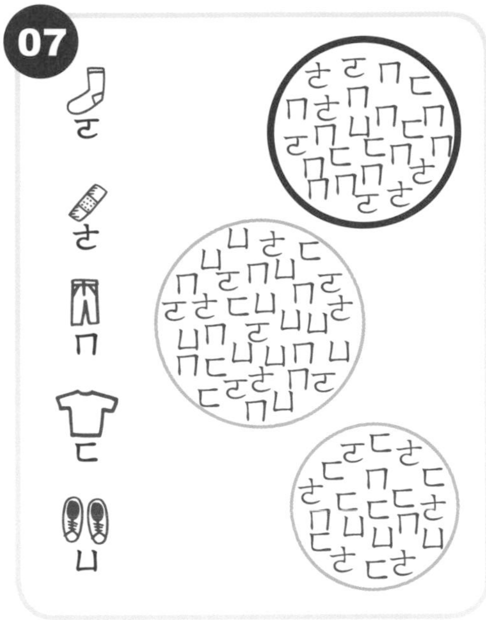

09

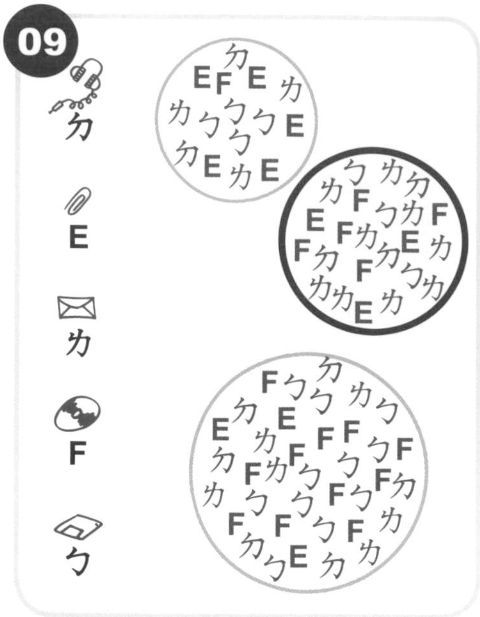

12

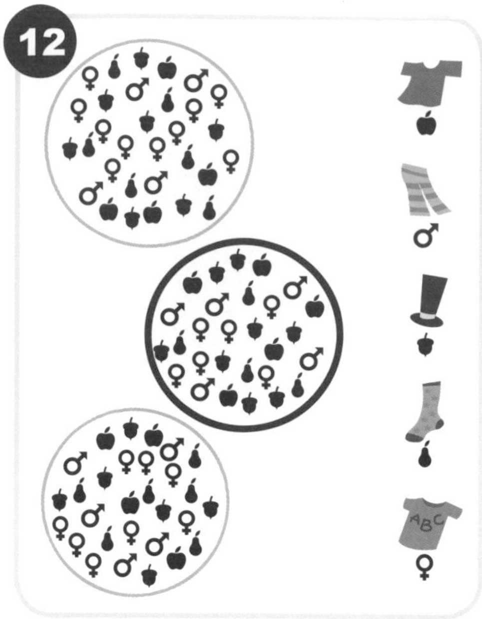

15

10

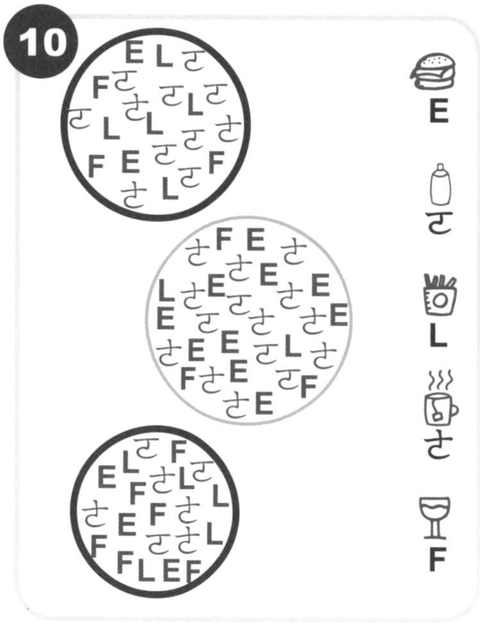

13

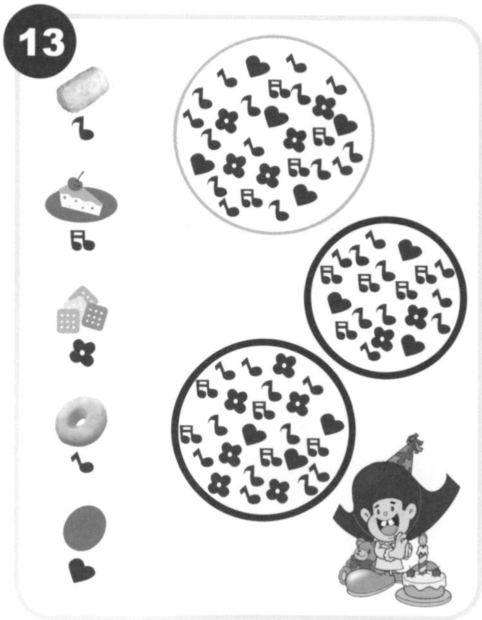

16

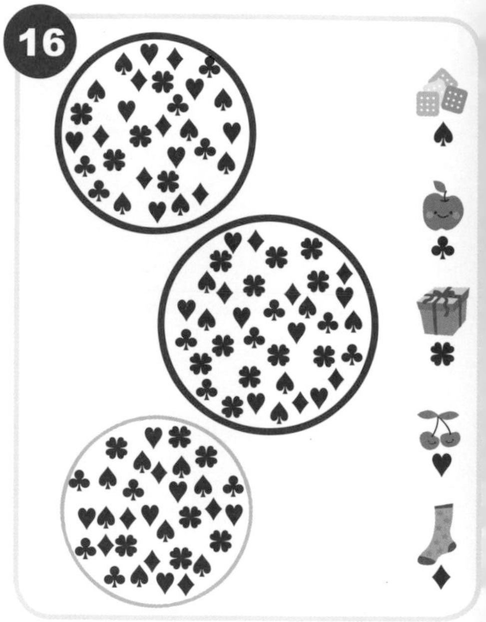

11

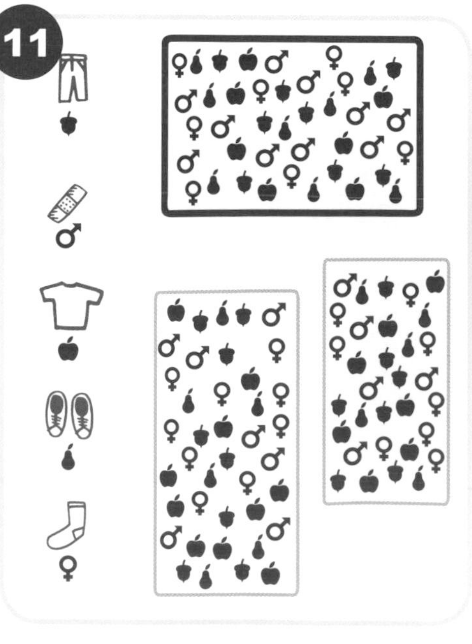

14

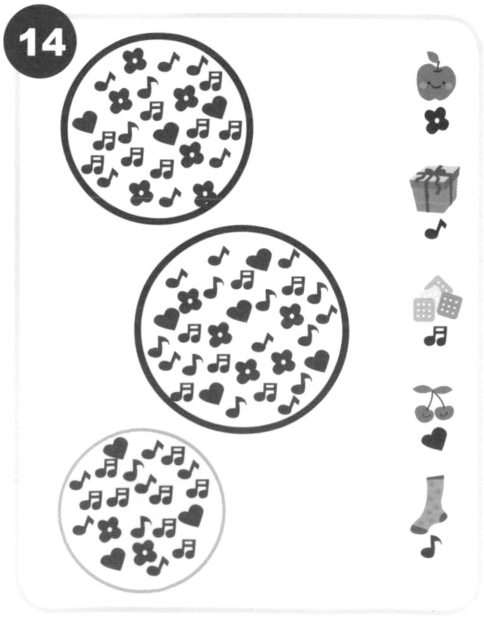

17

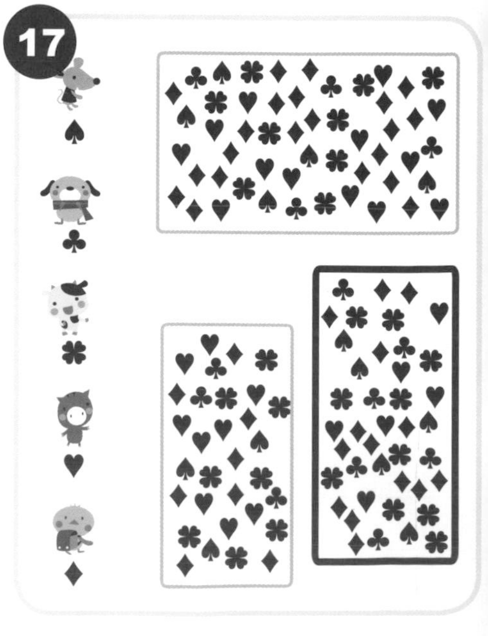

18

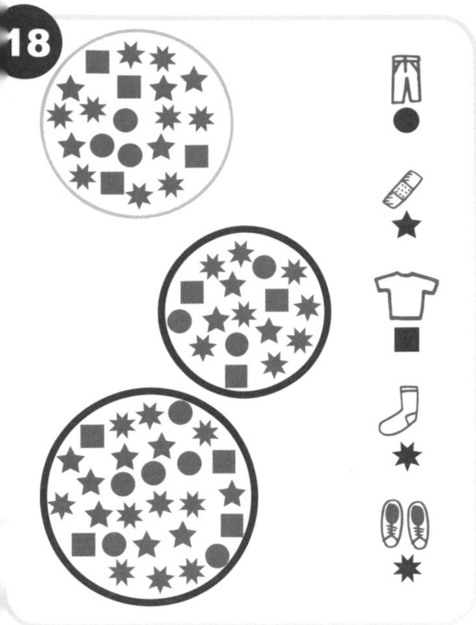

21

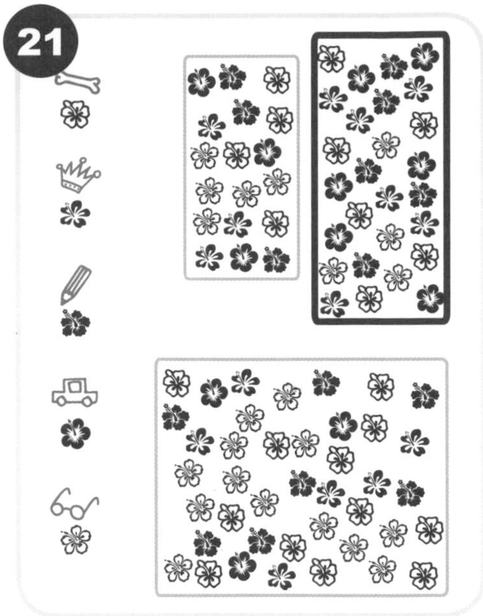

24

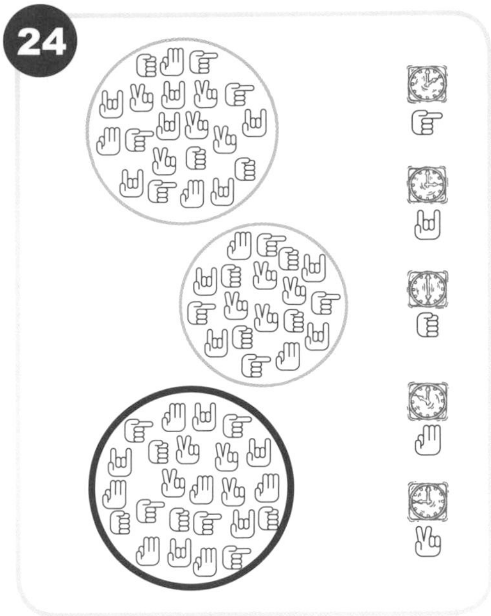

19

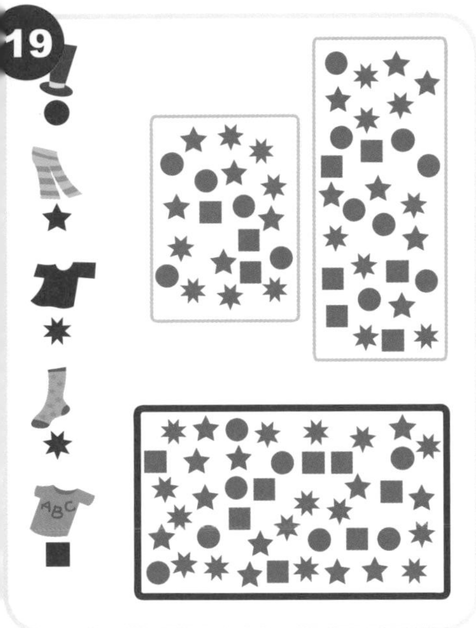

22

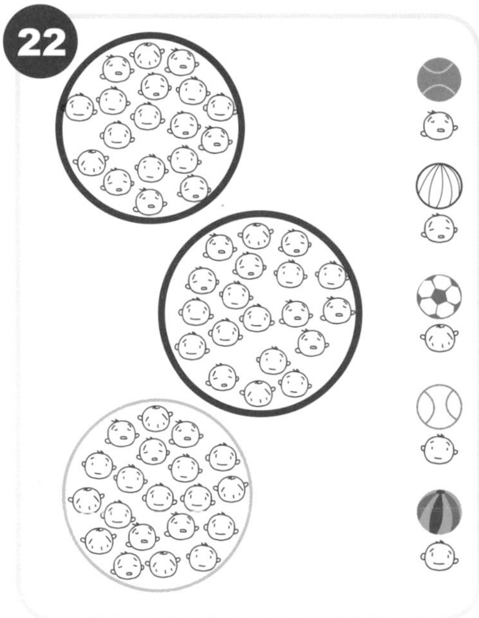

25

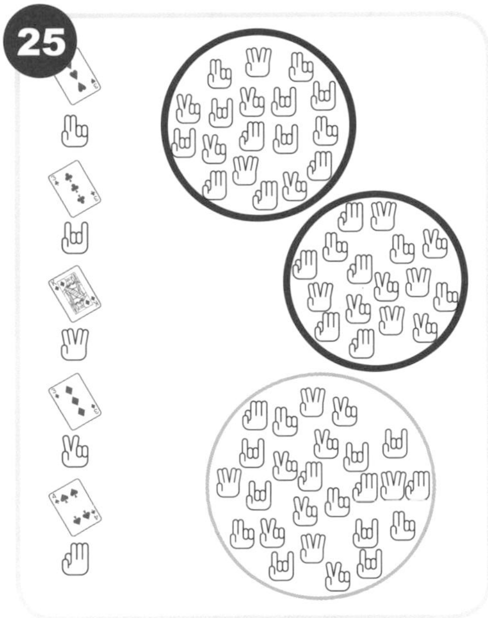

20

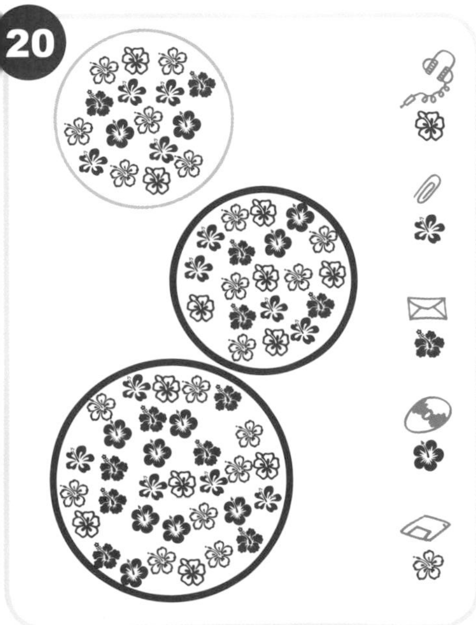

23

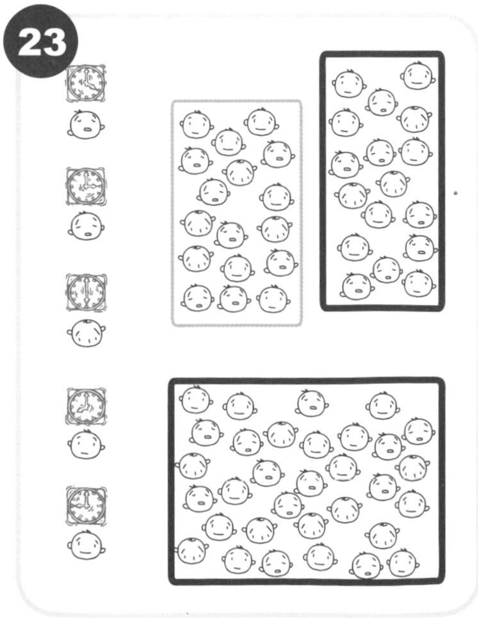

輕鬆玩遊戲，讓專心變容易

暢銷修訂版

國家圖書館出版品預行編目 (CIP) 資料

5 分鐘 玩出專注力遊戲書：輕鬆玩遊戲，讓專心變容易 / 張旭鎧著 . -- 2 版 . -- 臺北市：新手父母出版，城邦文化事業股份有限公司出版：英屬蓋曼群島商家庭傳媒股份有限公司城邦分公司發行，2023.09
冊；　公分 . -- (育兒通；SR0050X, SR0051X, SR0056X, SR0066X)
ISBN 978-626-7008-48-5(第 1 冊：平裝). --
ISBN 978-626-7008-49-2(第 3 冊：平裝). --
ISBN 978-626-7008-50-8(第 4 冊：平裝). --
ISBN 978-626-7008-52-2(第 2 冊：平裝)

1.CST: 育兒 2.CST: 親子遊戲

428.82　　112014103

作　　者　張旭鎧
選　　書　林小鈴
主　　編　陳雯琪

行銷經理　王維君
業務經理　羅越華
總 編 輯　林小鈴
發 行 人　何飛鵬
出　　版　新手父母出版
城邦文化事業股份有限公司
台北市中山區民生東路二段 141 號 8 樓
電話：(02) 2500-7008　傳真：(02) 2502-7676
E-mail：bwp.service@cite.com.tw
發　　行　英屬蓋曼群島商家庭傳媒股份有限公司城邦分公司
台北市中山區民生東路二段 141 號 11 樓
讀者服務專線：02-2500-7718；02-2500-7719
24 小時傳真服務：02-2500-1900；02-2500-1991
讀者服務信箱 E-mail：service@readingclub.com.tw
劃撥帳號：19863813
戶名：書虫股份有限公司

香港發行所　城邦（香港）出版集團有限公司
香港灣仔駱克道 193 號東超商業中心 1F
電話：(852) 2508-6231
傳真：(852) 2578-9337
E-mail：hkcite@biznetvigator.com
馬新發行所　城邦（馬新）出版集團 Cite (M) Sdn Bhd
41, Jalan Radin Anum, Bandar Baru Sri Petaling, 57000 Kuala Lumpur, Malaysia.
電話：(603)90563833　傳真：(603)90576622
E-mail：services@cite.my

封面設計　徐思文
版面設計、內頁排版　徐思文
製版印刷　卡樂彩色製版印刷有限公司
2009 年 12 月 18 日初版 1 刷｜ 2023 年 09 月 19 日 2 版 1 刷
Printed in Taiwan
定價 380 元
ISBN ｜ 978-626-7008-49-2（紙本）
ISBN ｜ 978-626-7008-55-3（EPUB）